我的第一次探索
科普图书馆

陈春敏 主编

科学总动员

图书在版编目（CIP）数据

科学总动员 / 廖春敏主编. — 上海：上海科学普及出版社，2014.9

（我的第一次探索）

ISBN 978-7-5427-6203-0

Ⅰ.①科… Ⅱ.①廖… Ⅲ.①自然科学－普及读物 Ⅳ.①N49

中国版本图书馆CIP数据核字（2014）第175431号

策　　划	胡名正
责任编辑	张怡纳
统　　筹	刘湘雯

我的第一次探索

科学总动员

廖春敏　主　编

上海科学普及出版社出版发行

（上海中山北路832号　邮政编码 200070）

http://www.pspsh.com

各地新华书店经销　　三河市恒彩印务有限公司印刷

开本 889mm×1194mm　1/16　印张 8　字数 160 000

2014年9月第1版　2014年9月第1次印刷

ISBN 978-7-5427-6203-0　　　　　　　定价：23.80 元

FOREWORD 前言

爱因斯坦曾说过:"探索是人类最美妙的事情。"人类一直以来就对世界万物,以及那些曾经发生过的一切充满了无限好奇和探索解密的兴趣。

我们所生活的星球到底是怎么产生的,它为什么能和宇宙中存在的其他星球不同?

飞出我们的星球,外面的宇宙世界又会是什么样子的呢?

我们人类、动物、植物,又是怎么安然无恙地生存在这个星球上的?尤其是人类,一个具有独立思维,能够改变世界的生物,这个精密的机器是怎么运转的,又是用什么方法改变着这个世界的?还有,人类过往的历史又是什么样的呢?

人类为了让自己在这个星球上生活得更好做了很多努力,推动着科学技术不断发展,我们的生活都发生了哪些变化呢?

其实,世界上每一个事物,每一个现象,本身就是一个奇迹,里面必然包含着很多的惊奇,我们每个人,如果懂得去挖掘里面的玄机和奥妙,对世界自然会豁然开朗许多。尤其是青少年学生,打开科学的第一扇门对日后的学习和生活都有至关重要的作用。为了更好地引导小读者们打开思路,勇于探索前进道路中所见所知的事与物,我们专门编写了本丛书——"我的第一次探索",分为4分册:《自然大发现》、《身体全揭秘》、《科学总动员》和《历史深追踪》。本册《科学总动员》,主要讲述身边的物理、化学、天文以及新科技的知识,所选的每一个知识点都来自日常可见的点点滴滴，加于朴实的语言进行阐述，利于青少年读者从自己的身边开始，发现世界科技的奥妙，进而激发他们深入探索的欲望。

为了给读者创造更好的阅读享受，让阅读本书成为一种真正的探索体验，参与本书编撰出版的诸位老师：廖春敏、李坡、孙鹏、王玲玲、刘佳、陈晓东、李立飞、白海波等，在文字撰写、图片使用、版面设计上都倾注其所有心思，力求做到文字充满青春张力、图片新颖贴切、设计清丽明快。在此感谢以上各位老师为本书所做的各种工作！

最后，希望本书能够成为青少年读者打开探索之门的第一本书。

编　者

CONTENTS 目录

🔶 科学家，看世界 🔶

物的存在 ……………………… 2
  岩石、空气和水 …………… 2
  固体，原来这样不"安分" … 2
  向各个方向流动 …………… 3
  转变的临界：熔点和沸点 … 3
  气体，可大可小 …………… 3

世界是由很小很小的粒子组成的 ……………………………… 4
  原子里有"小宇宙" ………… 4
  原子配对成分子 …………… 4
  规则的晶体 ………………… 4
  形形色色的原子 …………… 5

奇妙的化学元素 ……………… 5
  给元素排个序 ……………… 5
  "懒惰"的气体 ……………… 6
  化合物是怎么来的 ………… 6

世界不能没有碳 ……………… 7
  地球上的4种碳 …………… 7
  生命中的碳 ………………… 7

  塑料王国 …………………… 7
  碳在循环 …………………… 8

神奇的电和磁 ………………… 8
  电厂是怎么发电的 ………… 8
  静电为什么叫"静电" ……… 9
  电流是什么 ………………… 9
  会辨"南北"的磁铁 ………… 9
  受控制的"电磁铁" ………… 10

电磁辐射无处不在 …………… 10
  看得见的光，看不见的光 … 10
  太阳是个巨大的辐射源 …… 10
  辐射，不可不防 …………… 11
  不用光的"照相机" ………… 11
  "宇宙电波" ………………… 12

天才牛顿的力学 ……………… 12
  物体永不"落"向空中 ……… 12
  飞速过山车 ………………… 13
  功、力和负荷 ……………… 13
  是什么决定了力的大小 …… 13

■ 我的第一次探索

改变世界的三大定律 …… 13

能量，变化多端 …… 14
运动员，跑起来 …… 14
放得越高，能量越大 …… 14
蒸汽运动能发电 …… 15
带着能量的波 …… 15

热能 …… 15
热胀冷缩 …… 15
冰箱的工作原理 …… 16
热是怎么从一个物体跑到另一个物体的 …… 16
不要让热跑了 …… 16

光 …… 17
影子的秘密 …… 17
光，不能畅通无阻 …… 17
吸管在水中"变短"了 …… 17

光是有多快 …… 18
光的颜色 …… 18

声音 …… 18
回声和音响效果 …… 19
真空中能听见声音吗 …… 19
音强和音调 …… 19
为何闪电总比雷声快 …… 19

空气和水：生命之源 …… 20
多亏有了大气，有了水 …… 20
什么是水？什么是空气？ …… 20
水的构成 …… 20
能溶的和不能溶的 …… 21

时间 …… 21
最准时的原子钟 …… 21
古代人的计时器 …… 22

◆ 天文学，没有尽头的科学 ◆

浩瀚太空 …… 24
宇宙的大小 …… 24
光，可以是一把尺子 …… 24

恒星的前生 …… 24
终极之洞——黑洞 …… 25

地球的唯一伙伴…………25
　月球上面静悄悄………25
　月相变化………26
　月球上的"山"和"海"……26
　登　月………26

巨大的火球…………27
　来自1 000万年前的能量……27
　太阳被"吃"掉了………27
　生命之火，源源不断……27

太阳和它的行星们…………28
　炽热表面，吞吐火舌………28
　太阳系家族成员们………29
　原是一团尘埃气体云………29
　飞向行星………29
　寻找另一个"地球"………29

恒星：燃烧的巨大星球………30
　它们通常不会爆炸………30
　一颗恒星的诞生………31
　双子星，一对相互绕行的舞者……31
　最亮的恒星………31

"宇宙大爆炸"…………32
　一切源于一个"点"………32
　宇宙在"膨胀"………32
　星系都在远离我们而去………33

改变世界的天文望远镜………33

地球—太空自由穿梭…………35

星际旅行不是梦…………37
　太空穿梭"乘"什么………38
　探索空间的利器………38
　谁把飞船送上天………38
　人类在太空有个"家"………38

飞出太阳系…………39
　反物质引擎………39
　负质量………40
　路漫漫，其修远………40

■ 我的第一次探索 ●●●●

科技，改变生活

机械，原来可以很简单…… 42
    杠杆，轻轻松松抬起来 …… 42
    轮子的力量 …… 42
    滑轮越多越省力 …… 43
    大齿轮，小齿轮 …… 43
    楔，简单的机械 …… 43
    不断循环的电梯 …… 43

身边的建筑…… 44
    摩天大楼凭什么高 …… 44
    扎根真的很重要 …… 44
    石拱门的"拱" …… 45
    不同隧道，修法各不同 …… 45

大桥，大桥…… 46
    桥有多少种 …… 46
    悬臂桥里有小悬臂桥 …… 46
    把桥移开！ …… 47
    桥是怎么修成的 …… 47
    吊桥，如此壮观 …… 47

火车"轰隆隆"…… 48
    列车悬挂在轨道之下 …… 48
    铁路上的交通信号 …… 48
    神奇的磁悬浮列车 …… 49
    火车是怎么拐弯的 …… 49

汽车跑起来…… 50
    刹车系统要强大 …… 50
    传动装置，让快慢随心 …… 51
    为什么转弯时，车身要倾斜 …… 51
    汽油发动机 …… 51

船在水上走…… 52
    动力和阻力 …… 52
    轮船是如何漂浮起来的 …… 53
    要到水下工作怎么办 …… 53
    水上飞行器 …… 53
    帆船会向哪个方向前进 …… 53

飞机翱翔在天边…… 54
    机翼有多重要 …… 54
    直升机是怎么改变方向的 …… 54
    喷气机的工作原理 …… 55
    升降热气球 …… 55
    军用飞机 …… 55

"万能"计算机 ·················56
　　我们看到的一切都是真的吗 ···56
　　软件、硬件都重要 ···········56
　　只有0和1的世界 ············57

喂,你好吗 ·····················57
　　人类自由沟通的桥梁 ·········57
　　解读电波,还原声音 ·········57
　　全球都在使用移动电话 ······58
　　黑白传真 ····················58
　　来,写一封电子邮件 ·········59

超级视觉 ·······················59
　　圆形透镜 ····················59
　　照相原理 ····················60
　　望远镜能望多远 ·············60
　　将小虫子放大100万倍 ······61

留住声音和影像 ···············61
　　便携式摄像机 ···············62
　　显像管和电视机 ·············62
　　DVD上的小沟沟 ············62

你我的大众媒体时代 ·········63
　　鼎盛一时的广播媒体 ·······63

电影,不可缺少的精神食粮 ···63
博客、微博和微信 ············64

能源,改变生活 ···············64
　　蒸汽机的三次改良 ··········65
　　汽 灯 ························65
　　修建水坝 ····················65
　　太阳能电池 ··················65
　　采 油 ························66
　　电灯泡 ······················66

从电子管到硅片 ···············66
　　第一台计算器:差分机和分
　　　析机 ······················67
　　电视机 ······················67
　　信息跨越大西洋 ············67
　　电脑游戏 ····················68
　　智能电脑 ····················68
　　动画电影 ····················68

■ 我的第一次探索 ●●●●

◈ 科学家和他们的科学 ◈

伟大的古希腊人 …………… 70
住在雅典城的"哲学家" …… 70
了不起的阿基米德 …………… 70
"希波克拉底宣言" …………… 71
古希腊时代最博学的人 ……… 71
欧几里得和他的几何系统 …… 72

人体解剖师 ………………… 72
划时代巨著——《人体结构》… 72
达·芬奇"为画解剖" ………… 73
心脏像个水泵 ………………… 73
发现了血液循环的秘密 ……… 73

看星星的人 ………………… 74
2000多年前的伟大发现 ……… 74
一个错误纠正了100年 ……… 75
遥望宇宙 ……………………… 75

三位伟人 …………………… 76
天才牛顿 ……………………… 76
苹果不能"掉"上天 ………… 76
"它一直在运动!" …………… 77
光是一种波! ………………… 77

我们活在进化的世界 ……… 78
晚来的生物学 ………………… 78
列文虎克开启的"微观世界" … 79
给动植物起个名 ……………… 79
《物种起源》挑战《圣经》 …… 79

拯救世人的医学家 ………… 80
杀死空气中的细菌! ………… 80
微生物与疾病 ………………… 80
弗洛伊德——思维影响行为 … 81

数学家的眼光 ……………… 81
花剌子密和代数 ……………… 81
毕达哥拉斯的三角形 ………… 82
培根入狱 ……………………… 82
学者云集巴格达 ……………… 82
笛卡尔与解析几何 …………… 83
警惕地球末日 ………………… 83

电学的推动者 ……………… 84
放飞风筝 ……………………… 84
电磁转换 ……………………… 84
最早的电池 …………………… 85

原子专家改变了时代⋯⋯⋯⋯85
    卢瑟福和玻尔 ⋯⋯⋯⋯⋯ 85
    力 场 ⋯⋯⋯⋯⋯⋯⋯⋯⋯ 86
    X 射线 ⋯⋯⋯⋯⋯⋯⋯⋯⋯ 86
    制造原子弹 ⋯⋯⋯⋯⋯⋯⋯ 86
    原子辐射 ⋯⋯⋯⋯⋯⋯⋯⋯ 87

这些观念颠覆了世界⋯⋯⋯⋯87
    黑洞，光线也逃不掉 ⋯⋯⋯ 87
    时间，快进和倒退 ⋯⋯⋯⋯ 88
    把光分成"一份一份" ⋯⋯ 88
    四维空间 ⋯⋯⋯⋯⋯⋯⋯⋯ 88

解译生命的密码⋯⋯⋯⋯⋯⋯89
    令人惊叹的双螺旋结构 ⋯⋯ 89
    将 DNA "剪断" "重组" ⋯⋯ 89
    顺序很重要 ⋯⋯⋯⋯⋯⋯⋯ 90
    孟德尔的豌豆 ⋯⋯⋯⋯⋯⋯ 90

科学未解之谜

宇宙诞生之谜⋯⋯⋯⋯⋯⋯⋯92
    大爆炸之后发生了什么 ⋯⋯ 92
    再来一次大爆炸! ⋯⋯⋯⋯ 92

宇宙中真的存在反物质吗⋯⋯93
    狄拉克的大胆设想 ⋯⋯⋯⋯ 93
    造出来的反粒子 ⋯⋯⋯⋯⋯ 94
    有反物质就有反物质世界? ⋯ 95
    到底有没有反物质 ⋯⋯⋯⋯ 96
    "湮灭"的巨大能量 ⋯⋯⋯ 97

暗物质之谜⋯⋯⋯⋯⋯⋯⋯⋯98

发现外星人⋯⋯⋯⋯⋯⋯⋯⋯102

太阳系地外生命探疑⋯⋯⋯⋯105

金星上面有个城墟⋯⋯⋯⋯⋯108

木星会成为另外一个太阳吗?⋯⋯⋯⋯⋯⋯⋯⋯⋯⋯111

恐龙灭绝之谜⋯⋯⋯⋯⋯⋯⋯112

科学家，看世界

KEXUEJIA KAN SHIJIE

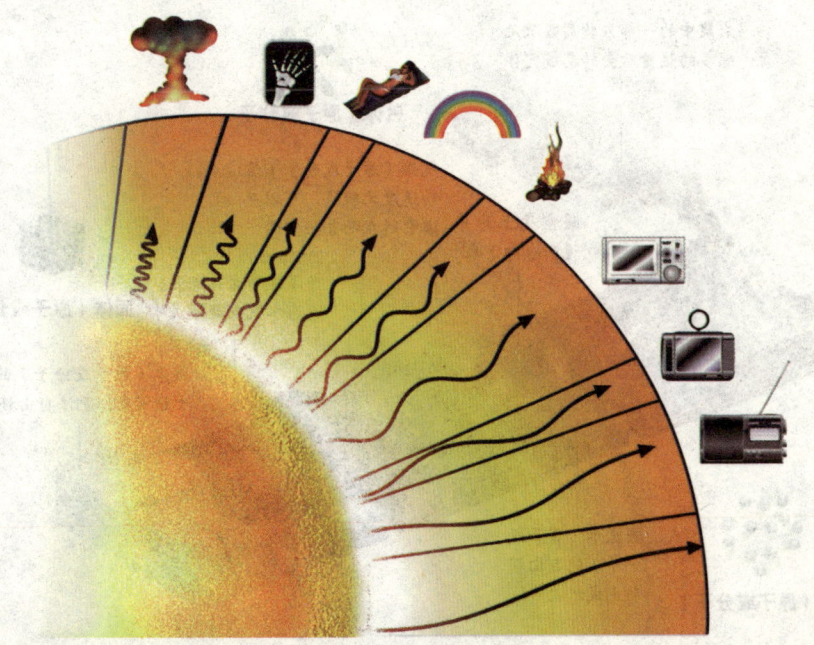

■ 我的第一次探索

物的存在

> 物质的存在形态称为物态，自然界中的物质几乎都是以固态、液态或气态的形式存在着。例如岩石是固态的，水是液态的，氧气则是气态的。

物态并不是一成不变的，一种物质得到或者失去一定能量后便会从一种形态转变为另一种形态。例如对水进行加热，水获得的热量使水分子运动加速，当水分子具有足够的动能时，液态的水就会变成气态的水。

个角落。陆地由固态物质构成，如岩石和土壤；海洋和江河由液态的水构成；空气则是由很多种不同的气体所组成的。这些物质基本上是稳定不变的，但是它们的状态会随着温度和压力的变化而变化。

◇ 岩石、空气和水

固体、液体和气体遍布世界各

◇ 固体，原来这样不"安分"

大多数的物质都是由分子构成

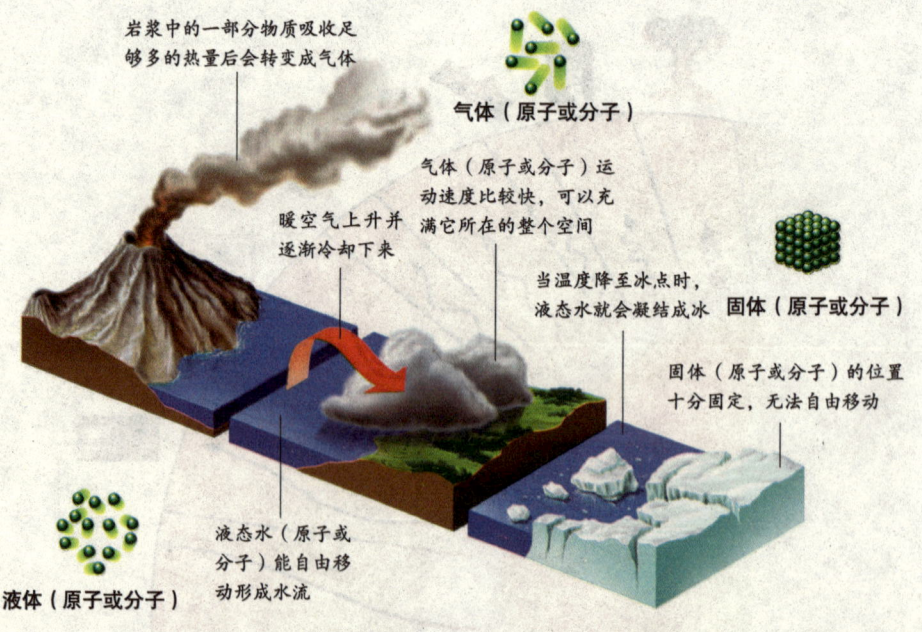

的。分子是一种微小的粒子，仅仅用人眼很难看到。分子有规则地紧密结合在一起，形成具有一定强度和形状的固体，固体中所有的分子都在各自固定的位置上不停地振动。固体的温度越高，分子就振动得越快。当温度足够高时分子由于振动过于剧烈而不能再保持在原来的固定位置，于是固体融（熔）化成液体，比如冰变成水就是如此。

◇ 向各个方向流动

与固体不同，液体自身没有固定的形状。以水为例，你可以把水注入任何形状的容器中。一部分液体分子聚集在一起形成一个分子团，但是由于分子团内分子间的相互作用力不是特别大，这使得分子团具有流动性，分子团之间就像干燥的沙砾一样相互滑动，因此液体能向各个方向自由快速地流动。

◇ 转变的临界：熔点和沸点

熔点是指晶体物质由固态转化为液态所需的温度。沸点是指晶体物质由液态转化为气态时所能达到的最高温度，不过很多液体在达到沸点之前就会蒸发（转化为气态）了。不管是水还是铁，每种物质（这里所说的物质均指晶体物质，非晶体物质如玻璃、石蜡、塑料等没有熔点可言）都有自己的熔点和沸点，例如冰的熔点是0℃，沸点是100℃。就如同水蒸气能凝结成水、水能结冰一样，当气体被冷却到一定程度时会凝结成液体，当液体被冷却到一定程度时会凝固成固体。

◇ 气体，可大可小

跟液体类似，气体也没有一定的形状和强度。但与液体不同的是，气体还没有固定的体积（即物质所占的空间），因此气体可以迅速地充满任意一个容器。同样地，气体也可以被压缩到一个非常小的空间里。

飞艇可以飘浮在空中是因为飞艇里面的气体（如氦气）比外面的空气要轻。

↗ 和其他液体一样，无论把水倒入什么容器中它都能和容器保持一样的形状。

■ 我的第一次探索

世界是由很小很小的粒子组成的

宇宙间的万物都是由各种物质组成的，所有的物体，包括最坚硬的岩石，其内部也并非很充实，其中有很多空隙。

所有的物质都是由分子、原子以及这些粒子之间的空隙组成的。原子本身以及原子之间的空隙非常细微，20亿个原子全部加起来，也不过像本文中的句号一般大小。但即使是原子，其内部也不是实心的，它们更像是由亚原子微粒星罗棋布排列在一起形成的能量云。

◇ 原子里有"小宇宙"

原子的中心是1个原子核（致密的粒子团），这个核由两种粒子组成：质子和中子。原子核外有电子在不停地绕核旋转，电子的体积要比质子和中子小得多。各种亚原子粒子仅仅是能量的浓缩集合，只可能在特定的位置出现。质子带1个单位正电荷，电子带1个单位负电荷，中子不带电。

◇ 原子配对成分子

原子与原子相互结合在一起形成分子。分子是保持物质化学性质的

★ 原子内部是十分空旷的，原子核与离其最近的电子间的距离大约是原子核直径的5 000倍。如果原子核直径为1厘米，那么离其最近的电子也在距其50米外的地方。

★ 质子都带有正电荷，所以质子之间通常会互相排斥。但在原子内部有一种被称为核力的强作用力，这种核力能够把质子结合在一起，使原子核免于分裂。

最小粒子。例如，人们生存所不可或缺的氧气，其分子是由2个氧原子结合在一起形成的；人类生存所必需的水，其分子是由2个氢原子和1个氧原子结合在一起形成的。

◇ 规则的晶体

自然界中大部分的固体物质都可以形成晶体。晶体的硬度大，表面有光泽，并且具有规则的几何外形。每种晶体都是由规则的原子晶格或者分

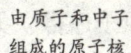

子晶格组成的。糖块和盐都是晶体，当然还包括大部分宝石，像钻石和翡翠也都是晶体。很多岩石以及金属也是由晶体组成的，但是由于这种晶体太小，我们肉眼几乎看不到。

◇ 形形色色的原子

在自然界中存在的100多种基本化学元素都是由原子构成的，每种原子的原子核里都有一定数目的质子。铀原子核中含有92个质子，铀是在自然界中分布非常广泛的一种元素。在每个原子中，质子的数目与电子的数目通常是相等的，电子以圆形轨道的运行方式分布在原子核的周围。原子间的相互作用方式（即原子的化学性质）取决于原子核的核外电子数。

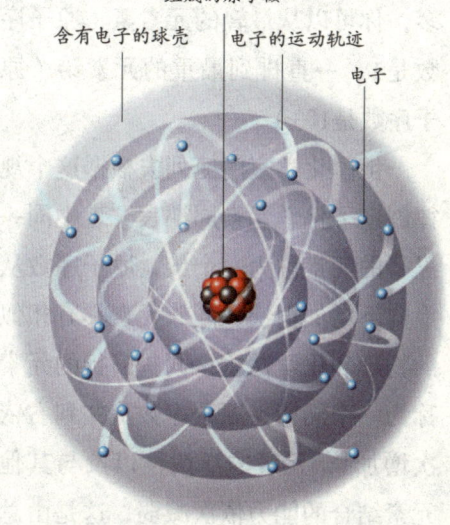

↗ 原子的中心是原子核，原子核由质子及相同数目的中子组成，质子和中子依靠一种强大的作用力结合在一起，核能便是从这种结合力转化而来的。

奇妙的化学元素

自然界中所有的物质最终都可以被分解为已知的最简单的物质，即化学元素。例如氢、碳和氧等。

由于每种元素都是由各自的原子所组成的，因此它们都具有独一无二的物理和化学性质。所有具有相同质子数的原子都属于同一种元素，这是与不同元素的原子相区别的标志。

◇ 给元素排个序

某种元素原子的核内质子数，即

我的第一次探索

为此元素的原子序数。元素的种类繁多，你可以从最轻的元素氢（原子序数是1）一直排到最重的元素铹（原子序数是103）。

俄国化学家门捷列夫根据这个规律制定了化学元素周期表。表中同一纵行的元素称为一个族，原子序数从上向下增加很快，同族元素具有相似的物理和化学性质；同一横行的元素称为一个周期，原子序数从左到右依次增加1，元素的活泼性以及与其他元素结合的能力依次减弱，这是由总电子数以及最外层电子数决定的。最活泼的元素位于元素周期表的左侧，最不活泼的元素位于右侧。

◇ "懒惰"的气体

第八族的元素位于化学元素周期表的最右侧，这是一个非常特殊的族。由于这些元素的原子最外层一般不会失去电子，所以通常称它们为第八族元素或者零族元素。由于原子的最外层有8个电子，这些原子没有必要再与其他原子共用电子，因此它们的化学性质极其稳定。同时这些原子形成的气体也不与其他物质反应，所以也被称为惰性气体。惰性气体中氩气和氪气之所以可以用来填充灯泡就是因为它们的化学性质极其稳定，不会与灯泡中极其细小的灯丝反应。同理，氖气也可以用来充填灯泡做成氖灯。

◇ 化合物是怎么来的

由单一元素构成的单质在世界上是很少见的，大部分物质都是由2种或2种以上的元素组成的化合物。组成此化合物的不同原子间必以一定的比例存在，换言之，化合物不论来源如何，其均有一定组成。

化合物不仅仅是几种元素的简单混合，当多种元素结合起来形成新物质时，新物质的化学性质会发生全新的变化。例如，将钠放入水中时，钠会发出"嗞嗞"的声音，反应剧烈；氯气是一种比空气重的黄绿色剧毒气体，而钠和氯气反应会生成氯化钠，也就是人们日常用到的食盐。目前，有确定组成的化合物有几十万种，且每年都有大量新的化合物被发现。

↗ 电流流经灯泡时灯丝会发热发光，充入灯泡里面的氩气可以保护灯丝不被烧坏。

世界不能没有碳

> 碳是一种很特殊的元素。钻石是已知的自然界中最硬的物质，实际上它就是由碳元素构成的；煤以及铅笔芯里的石墨也是由碳元素构成的。

碳原子的结构特点决定了它很容易与其他物质化合形成化合物。从属于无机物的石灰石到有机物的柴油，目前已知含碳的化合物有100多万种。碳原子的最外层有4个电子，形成化合物时既可以得到新的电子，也可以失去原有的外层电子。这就意味着碳可以与其他任何物质结合生成各种各样的产品，例如有机颜料、降落伞、塑料等等。

◇ 地球上的4种碳

地球上碳的同素异形体有4种：金刚石、石墨、炭黑和木炭，此外还有一种叫做富勒烯的特殊人造结构形态。石墨可以被拉长成为碳纤维。

◇ 生命中的碳

碳原子不仅有与其他元素的原子形成化合物的能力，还可以相互结合构成复杂的链状和环状物质。生命存在的基础正是这些复杂的碳链和碳环分子。例如：蛋白质是构成生命的物质基础之一，而所有的蛋白质都是碳的化合物。人们之所以在化学学科中建立有机化学这一分支学科，其目的就是为了对繁多的含碳物质加以系统的研究。

◇ 塑料王国

塑料是一种十分奇妙的材料，小到饮料瓶，大到汽车，它几乎可以被制成任何物品。塑料质地轻盈，易于塑形，塑料制品既可以做得如丝绸一样柔软，也可以做得如钢铁一样坚硬。塑料完全是人造的产物，生产塑料实质上是把碳化物（主要是碳氢化合物）的分子组合成很长的聚合分子链。聚合物中的链多以杂链为主，有的塑料制品中，聚合链彼此间像意大利通心粉一样纠缠在一起，使得塑料制品强度大韧性好。这样的材料很适合制造降落伞，因为降落伞需要足够大的强度来承受人体的重量以及很好

■ 我的第一次探索

的韧性在空中滑行。将聚合物紧密结合在一起制成硬塑料，可以用在窗户框架上。

◇ 碳在循环

在地球形成之初，大部分的碳原子就已经存在并且在动物、植物和空气之间不断循环，人们称之为"碳循环"。植物的茎和叶的大部分是由一种叫做纤维素的天然材料构成的。和塑料一样，纤维素也是长链的碳分子聚合物，植物利用太阳光、水和空气中的二氧化碳，通过光合作用合成葡萄糖，再由葡萄糖分子组合形成各种聚合分子链。动物吃掉植物后，植物体内的碳便转移到动物体内，并为其所用了。

↗ 这个弓形降落伞的工作原理是：降落伞因受到强大的空气阻力而张大成图中的弓形，从而能够降低跳伞者在重力作用下的坠落速度。

神奇的电和磁

电能用处极其广泛，日常生活所必需的热量和光，驱动电脑所用的脉冲信号，无不来自电能。电和磁密切相关，磁力是磁体间的一种不可见力。

变化的电场产生磁场，而切割磁力线也会产生电场。电和磁在转化过程中产生的力，我们称之为电磁力。

◇ 电厂是怎么发电的

当磁体和金属线圈彼此接近并做相互运动时，线圈中会产生感应电流，这是由于磁力驱动线圈中的自由电子定向运动而形成的。

电厂就是根据这个原理发电的。发电机以水流、燃料燃烧、喷射的水蒸气或原子核裂变产生的能量转化为动力，推动线圈旋转切割磁力线，线圈中就有电流产生。通过电线，电被输送到我们的家庭、学校或者工厂里。配电线路可分为地上的架空线路和地下电缆2种。

◇ 静电为什么叫"静电"

电是由电子运动产生的。电子是一种带电粒子，如果物体得到电子它就带负电，相反如果失去电子就会带正电。当两种不同的物体相互摩擦，电子会发生转移，从而使得两个物体都带电：得到电子的带负电，失去电子的带正电。因为此时电荷在带电物体上是静止的，不能移动，所以被称做静电。

◇ 电流是什么

能自由导电的物体被称为导体。如铜和金等金属就是电的良导体，可以用做导线连接电路。因为这类金属导体里有很多自由电子，可以在电线中自由运动。闭合电路中大量电子的定向移动形成电流。电池组可以提供驱动电子在闭合电路里定向移动时所需的能量，所产生的电流方向恒定不变，因而被称为直流电（DC）。

◇ 会辨"南北"的磁铁

磁铁是一种特殊的金属（通常是铁），能吸引带有磁性的物质（如铁和钢）。磁铁周围都存在着磁场，磁体通过磁场对外物产生作用。靠近磁体两端（也称为磁极）的地方磁场最强，越远离磁极磁场就越弱。磁极两端的磁场方向相反，一端为北极，一端为南极。异性磁极相互吸引，同性磁极相互排斥。也就是说北极与南极相互吸引，而北极与北极或南极与南

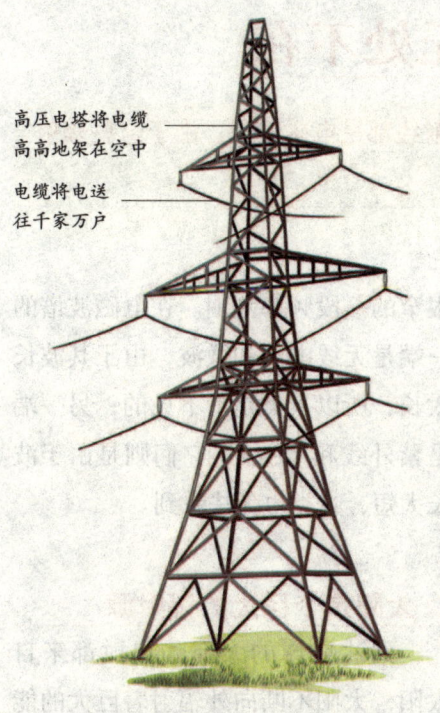

高压电塔将电缆高高地架在空中

电缆将电送往千家万户

↗ 发电厂发出的电通过配电网被输送到每家每户。高压电塔将电缆高高架在空中，高压电可以在电缆中安全地传输。

■ 我的第一次探索

极则相互排斥。

◇ 受控制的"电磁铁"

当电流流过导线时，在导线周围会产生磁场。如果在线圈中插入铁芯，磁场强度会进一步加大，人们将这种"电磁体"称为电磁铁。与一般条形磁铁不同，电磁铁的磁场可以用开关来控制，当电流断开时，电磁铁中的磁场就会消失。

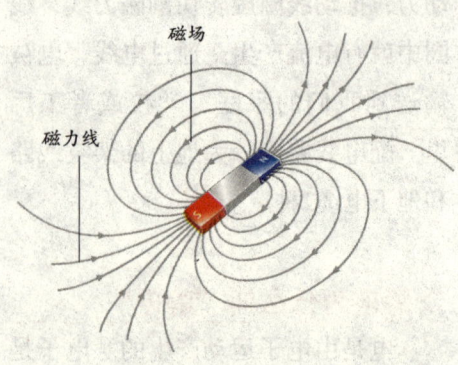

↗ 只要磁场周围含有铁，如铁钉或者螺丝钉等物质，它们都会受到磁场的作用。

电磁辐射无处不在

火中的热辐射以及医院中用到的X射线都是电磁辐射。由于这些辐射既是电又是磁，所以被称为电磁波。

电磁波沿直线传播，传播速度与光速相同。在真空中，电磁波的传播速度为每秒30万千米。以这样的速度，电磁波仅需1/10秒就可以环地球一周。不同种类的电磁波其波长也各不相同。

◇ 看得见的光，看不见的光

电子发射出的电磁波能覆盖很大的频率范围。我们平时用肉眼看见的光叫做可见光，它在电磁波谱中只占很窄的一段频率范围。在电磁波谱的一端是无线电波和微波，由于其波长太长，所以人类是看不见的；另一端是紫外线和X射线，它们则是由于波长太短，人类也无法看到。

◇ 太阳是个巨大的辐射源

到达地球的大部分辐射都来自太阳，太阳不断向外辐射着巨大的能量。太阳辐射中的一部分是波，如可见光和X射线。幸运的是，地球的大气层只让人类所需的可见光和热通过，而把对人类有害的辐射如紫外线和X射线屏蔽掉。

◇ 辐射，不可不防

有些电磁辐射是很危险的。即使是来自太阳的低能辐射也会引发各种有害的疾病，如过长时间的太阳浴就容易导致皮肤癌。不过，最主要的危害其实来自于X射线、γ射线等高能的短波辐射。这些射线可以使生物组织细胞产生电离，从而破坏生物组织，影响身体正常的生理机能，因此从事X射线检查的医学工作人员在操作这类设备时要严加防护。

◇ 不用光的"照相机"

热的物体会向外辐射电磁波，人们虽然无法用肉眼看到这些辐射波，但是通过热像仪可以检测到这种波的

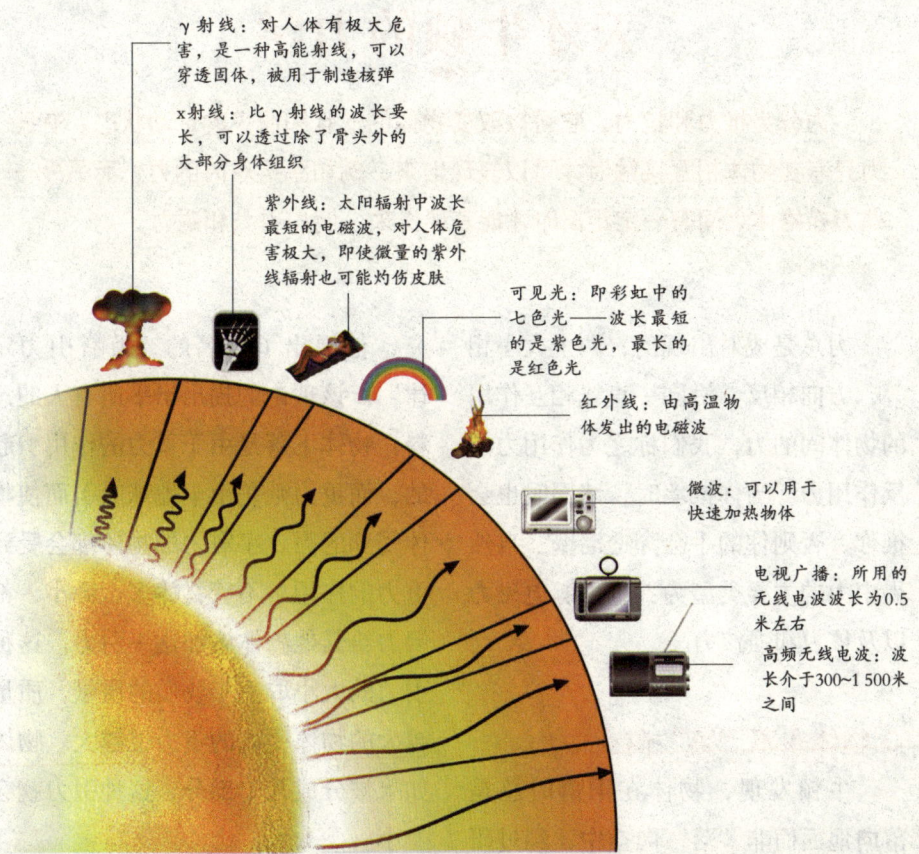

γ射线：对人体有极大危害，是一种高能射线，可以穿透固体，被用于制造核弹

X射线：比γ射线的波长要长，可以透过除了骨头外的大部分身体组织

紫外线：太阳辐射中波长最短的电磁波，对人体危害极大，即使微量的紫外线辐射也可能灼伤皮肤

可见光：即彩虹中的七色光——波长最短的是紫色光，最长的是红色光

红外线：由高温物体发出的电磁波

微波：可以用于快速加热物体

电视广播：所用的无线电波长为0.5米左右

高频无线电波：波长介于300~1 500米之间

我的第一次探索

存在，并且可以为其拍照。在照片里，最明亮的地方是物体温度最高的部分，最黑暗的地方是物体温度最低的部分。即使是在全黑的地方热像仪也可以正常工作，因为它们不需要光就能成像。热像仪能清晰显示出人体不同部位的温度变化情况，医生可以据此诊断疾病。该仪器还可以用于监测野生动物晚上的生活习性。

◇ "宇宙电波"

电磁波的传播与声波不同，声波的传播需要一定的介质，而电磁波却不需要任何介质，即使在真空中也可以传播。这使得我们晚上可以看见遥远的星星——星星上的光需要穿越真空才能到达我们这里。我们还可以通过卫星，利用电磁波与太空中的宇航员取得联系。

天才牛顿的力学

> 力分为推力和拉力，它可以改变物体的形状和原来的运动状态。有些力只有在物体相互接触时才可以表现出来，例如踢足球时的力。而另外一些力在物体之间有一定距离时才能表现出来，例如引力和磁力。

力总是成对出现的，两个大小相等，方向相反，沿同一直线相互作用的物体间的力，我们称之为作用力与反作用力。当你推墙时，墙同时也会推你，否则你的手会穿透墙壁。自然界中力的主要类型为：重力、电磁力以及核力和强核力。

◇ 物体永不"落"向空中

牛顿发现，物体在下落时总是落向地面而非"落"向空中，经过研究，他提出了著名的"万有引力定律"。该理论的提出出乎所有人的意料：物体下落是由于重力的作用引起的，而重力则是由于地球吸引而使物体受到的力。宇宙中的物体都会受到重力的作用，不管物体多么微小，都竭力给其他物体施加这一引力。这种引力的大小取决于物质的质量，质量越大的物体受到的重力也越大。物体如果被分成几个部分，这种引力就会变小。

科学总动员

在举起舞伴时消耗自身能量

冰上舞者在提升舞伴时，会受到其重力的影响

➚ 冰上舞者能够举起舞伴是提升力克服了重力的结果。

◇ 飞速过山车

过山车没有发动机。在重力的作用下过山车获得一个初始速度，开始自高处下滑，速度越来越大，当到达斜坡的最底部时速度最大，这个速度足以使车体冲上第二个斜坡。物体这种保持原来运动状态的性质称为惯性。

◇ 功、力和负荷

功、力和负荷在物理中是很重要的概念，尤其是与那些移动物体的机械联系的时候显得尤为重要。负荷是指移动物体的质量，以千克来衡量；力是指移动物体时所施加的作用，用牛顿来衡量；功描述的是力使负荷沿力的方向发生的位移。在公制单位中，功的单位是焦耳，1焦耳是指作用在物体上的1牛顿的力持续1米的位移产生的能量。1焦耳等于1牛顿·米。

◇ 是什么决定了力的大小

17世纪，英国科学家艾萨克·牛顿发现宇宙中力做功的形式都是一样的，效果也都可以预见到，力会使物体的速度改变。改变的程度取决于力的大小和物体的质量。力越大，产生的加速度相应地就会越大。对质量大的物体必须施加更大的力才能产生相同的加速度。

◇ 改变世界的三大定律

17世纪末期，艾萨克·牛顿通过总结力和运动的关系得出三大定律：

第一定律：力只会改变物体的运

➚ 炮弹需要火药施加的强大的作用力才能得到它所需要的加速度。

■ 我的第一次探索 ●●●●

动状态（改变速度大小或者方向），在没有受到外力的情况下，物体保持静止或匀速运动状态。

第二定律：加速度与力的大小成正比，与物体的质量成反比。加速度的方向跟合外力的方向相同。

第三定律：两个物体之间的作用力与反作用力在同一直线上，大小相等，方向相反。

这三大定律是研究经典力学的基础，不管是踢出的足球还是飞行的太空船都可以用这三大定律来解释。

能量，变化多端

能，是物质做功的能力。能不仅指太阳发射出的可见光，也不仅仅指来自于火中的热量。

能包括在宇宙中发生的任何活动，不管是小草生长还是星球爆炸都属能的范畴，物质的能量蕴藏在它们的原子和分子中。能有很多形式，可以从一种形式转化成另一种形式。

◇ 运动员，跑起来

运动的物体所具有的能称为动能。物体的质量越大、运动的速度越大，所具有的动能就越大。当运动员从起跑线上开始起跑时，会把肌肉中的化学能转化成动能，转化的速度越快，他们起跑的速度也越快。在比赛结束时，动能停止转换，空气阻力以及鞋与地面的摩擦力使他们停下来。

◇ 放得越高，能量越大

物体由于处于一定位置而具有的能，称为势能。势能是一种蓄能。起重机吊起地面上的物体时需要克服重

★ 能既不能被创造，也不能被消灭，只能从一个物体转移到另一个物体。因此不管宇宙中的物质以什么形式存在，其能的总量是不变的。

★ 英国科学家詹姆斯·焦耳是最早认识到做功会产生热以及热是能的一种形式的科学家之一。有一次他发现瀑布底部的水比顶部的热，从而通过实验证明下落的水的势能或动能部分转化成了热能。

· 14 ·

力做功，物体的势能就会增加。

◇ 蒸汽运动能发电

燃料燃烧使水变成水蒸气，水蒸气通过一个具有特殊形状的大烟囱排放出去。水蒸气的动能带动汽轮机旋转发电，这样动能就转换为供人们使用的电能了。

◇ 带着能量的波

所有的波，包括水波、电磁波都具有能量。当波撞击其他物体时，能量会部分或全部丧失。

当把鹅卵石扔入水中时，水面的振动就会形成水波。当光波射入人的眼睛后，视网膜（可见光的敏感区域）会感知到这种能量，人眼就能看到东西了。红外线照射到物体上时能量会转变为热量。当无线电波传到收音机天线上时，无线电波的能量会转变成电流，收音机再把电流转变成声音信号。

热能

热能，又叫内能或者物质内的蓄能。热能是能的一种形式，当两个物体温度不同时，热能会从一个物体传递到另外一个物体。

人们可以通过做功或者热传递的方式增加物体的内能。用打气筒给自行车打气时，会感到筒身发热，这是由于每次按下打气筒手柄时，里面的气体被压缩的缘故。压缩空气所做的功使空气获得更多的能，空气分子和原子运动加快。能从一种形式转化为另一种形式时，总有一部分会变为热能，这部分热能会散失到环境中去。这就是为什么电脑、电视机以及其他机器在工作时通常都会发热的缘故。

◇ 热胀冷缩

物体被加热时，其中的分子运动越来越快，分子间距离的增加导致物体膨胀；当物体被冷却时，其中的分子运动变慢，分子间的距离减小导致物体收缩。有些固体热胀冷缩的现象并不明显，例如，对钢棒而言，温度每升高1℃其长度只增加0.0001%，但

■ 我的第一次探索

是当热量足够大时，这种膨胀的力量也会引发严重的后果，例如会使铁轨扭曲、桥梁断裂等。

◇ **冰箱的工作原理**

热量总是从高温物体自发地向低温物体传递，但是通过压缩机的作用可以使热量反方向传递，即从低温物体传向高温物体。

冰箱中，食物的热量传递给管内的特殊液体，液体吸收热量蒸发（由液体变为气体），汽化后的特殊液体被压回箱外的冷凝器散热，再重新变为液体，液体再进入冰箱内吸收食物的热量、蒸发，以此循环往复食物就能保持低温了。

◇ **热是怎么从一个物体跑到另一个物体的**

热传递有3种形式：传导、对流和辐射。传导是热量从一个原子到另一个原子的传递过程。热物体中的原子之间运动比较快并且相互碰撞，这种碰撞使它将热量传递给与它邻近的原子，邻近的原子再把热量传递给其他原子，如此传递下去。对流是流体（气体、液体）中热传递的主要方式，当流体被加热时，其分子运动加

↗ 冷空气被暖气片加热成热空气，热空气上升与屋内的冷空气形成对流，冷空气又循环到暖气片附近被加热成热空气。

速，分子之间的碰撞更加频繁，这就使得热流体变得比周围的冷流体要轻，于是热流体便向上流动，从而形成对流。热辐射是以不可见的红外线传递热量的。

◇ **不要让热跑了**

有些情况下阻止热量在某个空间的流动和散失是非常重要的。冬天给建筑物供暖时，热量有从室内散失到周围环境中以达到相同温度的趋势。玻璃的导热速度要比墙壁和屋顶的导热速度快得多，因而有很大一部分热量都从窗户散失到外界。为了阻止这部分热量的散失，很多建筑物都使用双层玻璃窗，双层玻璃窗装有两层玻璃，中间有不易传热的空气作为隔层，这样就大大减少了热量的散失。

科学总动员

光

> 光是人的眼睛所能观察到的唯一一种电磁辐射。平时我们都处在光的环境中,但实际上只有很少的物体可以发光。

太阳是光的主要来源,星星、蜡烛、电灯以及某些小昆虫如萤火虫也可以发光。但是我们能看到的客观世界中的其他景象,则是由于眼睛接收了物体反射的光。

◇ 影子的秘密

光在均匀介质中是沿直线传播的。不同的物体允许透过的光的程度是不同的,当光照射在不透明的物体上时,就会在物体背面形成影子。不透明物体可以产生2种类型的影子,完全没有光线照射到的区域形成的影子是本影,如果有一部分光照射到的区域,形成的半明半暗的影子就是半影。

◇ 光,不能畅通无阻

当光照射到物体上时,可能会穿过物体,也可能被反射,甚至被吸收。光照射到透明的玻璃杯上,会穿过整个玻璃杯,这样的物体称为透明体。能够透光但不能透视的物体称为半透明体,如毛玻璃。既不透光又不透视的物体称为不透明体。

◇ 吸管在水中"变短"了

当光照射到物体表面上时,会有一部分光反射回来。光线投射到大部分物体表面上时都是向各个方向反射的,而光线投射到镜子以及其他光

↗ 干净的玻璃杯是透明体。　↗ 紫砂玻璃是半透明体。

↗ 瓷器是不透明体。　↗ 并不是所有发光的物体都会释放出热量。萤火虫是通过体内的某种物质发生化学反应之后发出冷光来吸引异性的。

我的第一次探索

滑表面时都发生镜面反射，会呈现出清晰的光源或者镜像。当光以一定角度斜穿过像水一样的透明物体时，光线会发生弯曲，就如同光线变短了一样，这就是光的折射。这也就是为什么我们所看到的游泳池要比实际游泳池浅、插入水中的吸管看起来弯曲的原因。

◇ 光是有多快

光是宇宙中传播速度最快的物质。光在真空中的传播速度约为每秒30万千米。光从地球到达太阳仅仅需要8分钟的时间。光在空气中的传播速度比真空中略低，在水中也会更小一些，但是速度仍然是很惊人的。光以波的形式传播，但是这种光波的振幅很小，并不像池塘里的波纹一样。

光是以光子的形式存在的，光子是一份一份的，每一份都有其波长。光子是类似电子的粒子，由于很小，质量近乎为零。

◇ 光的颜色

人们平时所看到的不同的颜色，实际上是不同波长的光发出的。白光即太阳光，是一种复合光，由多种单色光混合而成。刚刚下完雨后，空气中悬浮着许多小水珠，阳光照射到这些小水珠上，就会发生折射和反射现象，由于太阳的可见光的波长都不一样，当它们照射到空中这些小水珠上时，各色光被小水珠折射的情况也不同，因此就被分解成七色光而形成彩虹，可见光中波长最长的红光和波长最短的紫光分别位于彩虹的两端。

声音

> 人类听到的所有声音，不管是小孩的哭声还是机器的轰鸣声，都是由物体的振动产生的。

有些振动是可以看到的，例如拨弄吉他发出声音时的振动。通常振动是看不见的，但可以肯定的是，只要发声，振动就一定存在，因为声源的振动也会推动它周围的空气向四周移动。空气流动时彼此会产生摩擦，生成的波就会向各个方向传递，当声波传到人周围时，人耳中的感知部分会对这种振动作出反应，人就会听到声音了。

★ 很多声音都是由不同频率的振动混杂在一起的，有的高有的低。吉他和小提琴即使在弹奏同一个音符时发出的声音也不相同，因为他们分别是由不同的振动混合起来的。

◇ 回声和音响效果

当你在一个宽敞的礼堂里面大声呼喊时，会听到声音在整个空间里回荡。这是因为你的声音被坚硬的墙壁来回反射的缘故。每个光滑、坚硬的障碍物如墙壁等都可以反射声音，但只有在障碍物与人以及障碍物与发声体之间有足够的间距时，人耳才能听得到回声。声音的反射会影响到你所听到的声音的质量。音乐厅的设计需要细心周到，因为剧场内部墙壁表面的构造对舞台上音乐家和管弦乐队的表演效果具有重要的影响。

◇ 真空中能听见声音吗

从声源发出的声波可以传向各个方向。声音可以在液体如水中传播，也可以在很多坚硬的固体中传播。由于真空中不存在声音传播所需要的介质，所以声音不能在真空中传播。

◇ 音强和音调

声音可以柔和也可以高亢，音调可高可低，这主要是由声音的能量和频率决定的。大且高的能量波使耳膜振动幅度变大，人就会感到很响的声音；反之低能量波使耳膜振动的幅度变小，人会听到较轻微的声音。声强是以贝尔或者是贝尔的1/10即分贝为单位的。声音的音调是由发声体的振动频率决定的。频率越大，音调越高。每一秒内波的振动次数叫做频率，量度单位是赫兹。

↗ 鲸和海豚可以发出高音调的尖叫声，声波碰到海底和周围的鱼或者岩石时会产生回声，鲸和海豚就是通过回声来辨别物体的位置，从而找到食物的。

◇ 为何闪电总比雷声快

声音在空气里传播是需要时间

我的第一次探索

的。在雷雨天，为什么我们总是先看到闪电，然后才听到雷声呢？这是因为光的传播速度要比声音的传播速度快得多。

声音在温暖的空气中的传播速度要比在冷空气中的传播速度稍微大一些。在0℃的空气中，空气每秒钟只能传播331米；在21℃的中温天气里，每秒钟可以传播343米；而在40℃的热空气中，传播速度可以达到每秒钟354米。声音在液体中的传播速度是空气中传播速度的4倍，而在坚硬的固体如木材和钢材中的传播速度可能还要更快一些。

空气和水：生命之源

空气与水是世界上最重要的两种物质。没有这两种物质，地球上就不会有生命。

空气不仅提供生物呼吸所必需的氧气，同时也为生物提供了可以自由活动的生活空间。大气层像是包裹着地球的一层棉被，能够吸收来自太空的对人体有害的辐射，并且对生命生存所需要的稳定环境也有帮助。

◇ 多亏有了大气，有了水

植物和动物在生态系统中互相联系、互相影响。地球是太阳系中唯一有大量水存在的行星，地球表面的3/4是海洋。同时地球的大气层也是独一无二的，它比玻璃更加透明，并且富含生物生存所依赖的气体——氧气。

◇ 什么是水？什么是空气？

水是由2个氢原子与1个氧原子相结合而形成的化合物，是一种无色、无味的液体。空气是由多种气体混合而成的混合物，而不是通过化学变化生成的化合物。空气中的氮气大约占3/4（78%左右），剩余的大部分是氧气（21%左右）。还有1%由二氧化碳、水蒸气以及其他微量气体如氖、氦、氩等组成。

◇ 水的构成

在自然界中，水是唯一一种固、液、气3种状态都存在的物质。水分子是由2个氢原子与1个氧原子结合在一起而形成的，2个氢原子各"拿"出1个电子，与氧原子共用，紧紧地结合在一起形成水分子。

◇ 能溶的和不能溶的

水具有溶解其他物质形成溶液的特性。把物质放入液体中，如果物质只是漂浮或悬浮在液体中，或者沉入液体底部，并没有被溶解，那么这种混合物不是溶液。一种物质的原子、分子或离子高度分散到液体里形成的均匀、稳定的混合物才称为溶液。把咖啡加入水中时就会有溶解现象发生。被溶解的物质叫溶质，溶解物质的液体就叫溶剂。

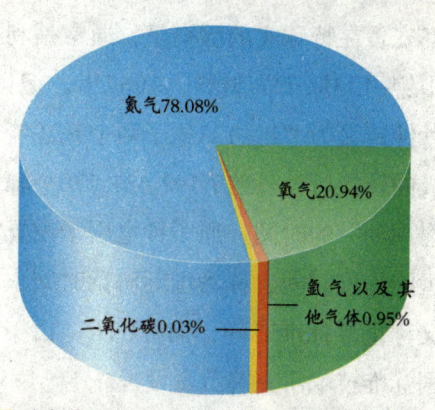

↗ 空气是一种混合气体，包裹在地球的周围。地球是太阳系中唯一一颗有空气存在的行星。

时间

在钟表发明之前，人类是利用地球的运转规律（通过观看天空中的太阳、月亮和星星的运动情况）来计时的，现在则可以通过钟表来确定时间。

目前人们研制的原子钟是一种极精密的计时器，准确度极高。但是仍有一些科学家和哲学家认为原子钟不能与真实时间完全吻合。科学家们认为时间也是一维（如同长度和宽度一样），可以上下、前后、左右移动，因而把时间定义为除长度、宽度、高度三维空间外的第四维。但是时间不会倒流：一根蜡烛不会越烧越长，人也不可能越活越年轻。

◇ 最准时的原子钟

正如吉他一样，原子和分子也会以一定的音调和频率振动。原子钟是利用原子固定周期的振荡或摆动来维持时间的精度的。这种特殊的钟，大

■ 我的第一次探索 ●●●●

都安置在特殊实的验室里，通常是利用铯-133原子为材料。1967年，把1秒钟定义为"铯-133原子两个基态能级的转换所经过的9 192 631 770个辐射周期"的时间。原子钟也用于设置国际标准时间，称为国际协调时间，又称世界标准时间，简称UTC，由美国标准技术研究院负责设置。

◇ 古代人的计时器

在有太阳光照射的时段，人们可以通过日晷的投影来确定时间，但是晚上或者没有太阳的状况下，由于没有标杆投影，日晷就无法工作了。

古代人们发明了很多不依赖日光计时的方法。蜡烛可以稳定地燃烧，因此可以利用燃烧时蜡烛的长度来计算时间。水或者沙子可以很稳定地从一个容器流到另一个容器里面，这也可以作为测量时间的依据。17世纪时，伟大的意大利科学家伽利略发现一定长度的摆（在线或者杆的底端有一重物）在摆动时具有等时性。正是这个发现使得获得准确时间成为可能。利用这个原理把钟摆的一端与表针连在一起，钟表盘就可以显示时间了。

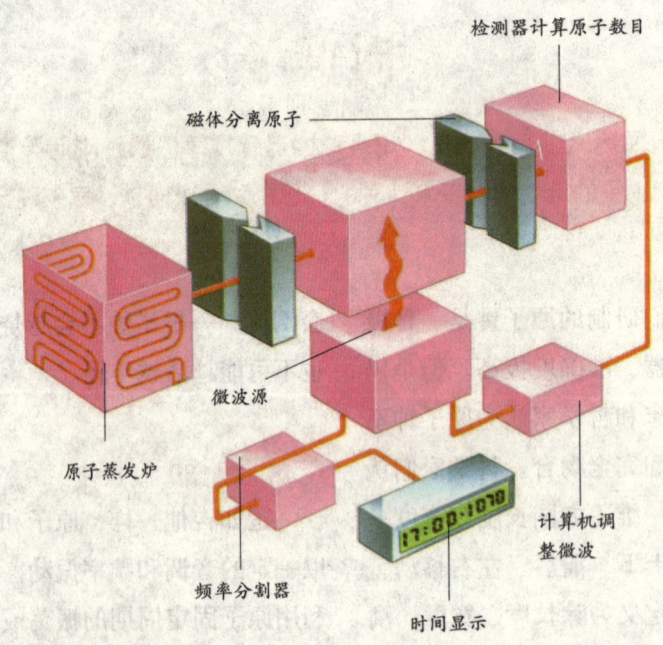

↗ 原子时间是以原子吸收了多少电磁波为标准衡量的。

天文学，没有尽头的科学

TIANWENXUE, MEIYOU JINTOU DE KEXUE

■ 我的第一次探索

浩瀚太空

> 夜晚抬头仰望天空，太空中似乎布满了星星。然而那些星星彼此之间的距离却是远得难以想象，相隔的空间里除了宇宙尘埃以外几乎什么都没有。

太空是一个广袤空旷的空间——"太空"这个名称就是因此而来的。没有人知道太空究竟有多大，很多天体因为太远而无法被观测到。但是利用现代的观测技术，天文学家能观测到的宇宙空间将越来越大。

◇ 宇宙的大小

人类所能观测到的宇宙仅仅是整个宇宙空间中极小的一部分。借助强大的天文望远镜，人类能够观测到130亿光年外的恒星和被称做类星体的星系所发出来的强烈而明亮的光。所以，如果遥远的类星体是平均分布在宇宙空间的话，那么宇宙的直径就应该有260亿光年。通过望远镜，你有可能观测到几千甚至几百万光年以外的某些恒星发出的光。

◇ 光，可以是一把尺子

光是宇宙中跑得最快的，其在真空中的传播速度将近每秒30万千米。天文学家用了很多方法来衡量宇宙中星体之间的距离。他们用光年取代千米作为衡量星体间距离的单位。1光年就是光在1年中走过的距离——大约9.5万亿千米。天文学家有时候也用秒差距作为距离单位。1秒差距相当于3.26光年。

◇ 恒星的前生

在一个晴朗的夜晚，通过大功率的望远镜，你可能会在恒星之间发

↗ 由于黑洞强大引力的作用，恒星上的气体不断被吸引过来，并形成一个旋涡——吸积盘，围绕着黑洞。

现一些暗淡模糊的光斑。其中一部分是遥远星系发出的光,有一部分是宇宙中巨大的"云系",人们称之为星云。星云是大片的宇宙尘埃和气体的混合体。著名的蟹状星云是由一颗巨大的恒星在1054年爆炸后残余的碎片所形成的。在引力的作用下,星云中的宇宙尘埃和气体凝聚到了一起,于是某些恒星就从中诞生了。

◇ **终极之洞——黑洞**

20世纪最惊人的宇宙发现之一就是黑洞的存在得到了证实。黑洞是宇宙中引力极为强大的一个点,它巨大的引力能够吞噬宇宙中的一切——甚至连宇宙中速度最快的光也不例外。因为连光也无法逃脱黑洞的吸引,所以我们是无法看到黑洞的。当一颗恒星的生命最终结束,恒星在自身引力的作用下坍缩,星体内的物质在抛向宇宙前被紧紧地压缩到一起,以至于组成恒星的所有物质最后全部被压缩成一个极微小的点——奇点,于是形成了黑洞。

地球的唯一伙伴

在我们看来夜空中最大、最明亮的天体就要属月球了,它就像一个小太阳一样照耀着夜晚的大地。可其实月球本身不会发光,它只是一颗巨大而冰冷的星球而已,完全是靠反射太阳光才会在夜空中显得明亮。

月球是地球在宇宙中的好伙伴,两者之间的距离约为38.4万千米。月球绕地球运行一周大约需要一个月。它在绕地球公转的同时也在自转,由于月球的公转周期与自转周期完全相同,所以月球始终都以同一面朝着地球,在地球上永远不可能看到月球的背面。

◇ **月球上面静悄悄**

当1969年宇航员登上月球的时候,他们发现月球上满是悬崖峭壁和宽广的平原,很多地方完全被白色的细小灰尘所覆盖。这些月尘是许多年之前月球表面在陨石的撞击下碎裂而形成的。由于月球上没有大气、没有风、没有雨雪,所以月尘不会四处飘

■ 我的第一次探索 ●●●●

↗ 月球表面坑坑洼洼的，布满了古老的环形山，这些环形山大多由陨石撞击而成。

散，宇航员在月球上留下的脚印就可能按原样保存百万年以上。

◇ 月相变化

从地球上只能看见月球明亮的半边，也就是月球的阳面。在月球绕地球公转的过程中，从地球上观察月球阳面的角度也随之不同，因此看上去月球似乎在不断地变换形状。在每个月月初，也就是新月的时候，月球处于太阳和地球的正中间，从地球上只能看到的月球阳面只有弯弯的一道蛾眉。在随后的两个星期中，月球一点一点地显露出来，直至最后皓月当空，此时月球离太阳最远，月球阳面全部可见。再接下去的两个星期中，月球的可见部分又一点一点地隐没到黑暗之中，慢慢又变成一个月牙形，称做残月。

◇ 月球上的"山"和"海"

月球表面遍布着大片的阴暗区域，人们一度以为这是月球上的海洋，所以称之为月海。现在，科学家已经弄清楚这些其实是在月球早期演化过程中，由火山喷发出来的岩浆所形成的广阔而干燥的平原。月球表面坑坑洼洼的，布满环形山，其中大部分环形山的形成还要追溯到月球的演化初期。巨大的陨石自太空撞向月球，冲击月面，于是形成了大大小小的环形山。

◇ 登月

月球是除地球以外人类造访过

↗ 在"阿波罗12"号登月任务中的艾伦·比恩

的唯一天体。美国宇航员尼尔·阿姆斯特朗和巴兹·奥尔德林是最早在月球表面漫步的人。1969年7月20日，他们在"阿波罗11"号载人登月任务中成功地登陆月球表面。同年11月，"阿波罗12"号再次登陆月球，两位宇航员皮特·康拉德和艾伦·比恩在月球表面留下了清晰的足迹。第一位进入太空的女性则是苏联宇航员瓦连金娜·捷列什科娃。

巨大的火球

和夜空中其他恒星一样，太阳也是一颗恒星。实际上，太阳是一颗中等大小的恒星，它的寿命约有100亿年，目前正处于壮年期。

太阳距离地球约1.5亿千米，是宇宙中离地球最近的恒星。和其他恒星一样，太阳内部的温度高得难以想象。太阳内部巨大的压力使得其温度高达1 500万摄氏度。如此巨大的热量将太阳表面变成了狂躁的炼狱，它是如此炽热，以至于穿越了1.5亿千米到达地球后，仍带给地球光和热。

◇ 来自1 000万年前的能量

太阳基本上是由2种气体构成的：其中3/4是氢气，剩下1/4是氦气。太阳内部反应生成的能量要经过1 000万年的时间，穿过包括发光发热的光球层、到处充满火焰的色球层和像冕状火焰光圈的日冕等数层太阳大气层才能到达太阳表面。

◇ 太阳被"吃"掉了

尽管地日距离是地月距离的400倍，但是天空中的太阳看起来和月球差不多大。在月球绕地球公转的过程中，月球有时候会运行到地球和太阳的中间。这时候，月球就会完全挡住太阳的光芒，在地球上投下一片阴影，看上去就像太阳被"吃"掉了一样。这就是所谓的日全食。如果还能见到太阳的一部分，那就是所谓的日偏食。

◇ 生命之火，源源不断

太阳向四面八方放射出大量的光

■ 我的第一次探索

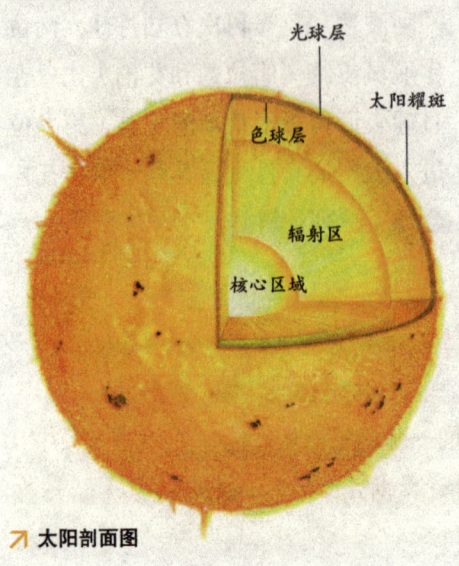

↗ 太阳剖面图

和热。虽然其中只有一小部分到达地球，但却足以提供这颗行星所需的几乎全部能量。如果没有太阳，地球上将是一片冰冷的黑暗，比最黑的黑夜还要黑，比南极洲还要冷。虽然部分太阳射线具有极强的危害性，但是地球外覆盖的大气层和地磁场却能保护人类免受太阳辐射的危害。

◇ 炽热表面，吞吐火舌

太阳的表面十分灼热。从太阳内部喷发出来的热量在晦暗的表面上形成了一个个光亮的斑点。太阳表面剧烈燃烧的氢气吐出的巨大的火舌被称做日珥，弧状的日珥可长达9.6万千米。偶尔会有巨大的能量从太阳表面喷薄而出，持续数分钟左右，被称做太阳耀斑。太阳黑子则是相对温度较低的、在太阳赤道附近缓慢舞动的黑暗的斑点。

太阳和它的行星们

在宇宙中，地球并不孤单。包括地球在内，一共有8颗行星在围绕着太阳运转。八大行星在太阳引力的牵引之下，沿着椭圆的轨道，以同一个方向绕太阳公转。

许多行星都有自己的卫星。在行星的运行轨道之间还有许多大大小小的石块，称之为小行星。太阳、八大行星和各自的卫星，加上矮行星和其他诸多的小行星，以及难以计数的彗星组成一个大家庭——太阳系。

科学总动员

◇ 太阳系家族成员们

太阳系八大行星绕太阳公转的轨道都在同一平面上,而矮行星冥王星和厄里斯的轨道则与这个平面相交成一夹角。离太阳越远的行星绕太阳公转的周期也越长。离太阳最近的水星其公转周期只有88天,金星是225天,地球是365天,遥远的海王星公转周期是165年,而矮行星冥王星绕太阳一周则几乎需要250年。

↗ 太阳系诞生于旋涡状旋转的气体和宇宙尘埃。

◇ 原是一团尘埃气体云

通过测量陨石(从宇宙中坠落到地球上的石块)的年龄,科学家们计算出太阳系的年龄大约已经46亿岁了。在太阳系最初形成的时候,它只是旋涡状的一团宇宙尘埃和各种气体,随着旋涡越转越快,周围的物质开始在引力的作用下被拉向中心,聚集到一起。最后,中心致密的物质团形成了太阳,周围远端的尘埃渐渐聚成团状,形成现在的八大行星。

◇ 飞向行星

直到将近200年以前,人们都还一直以为太阳系中只有六大行星:水星、火星、金星、土星、木星和地球。因为能用肉眼观察到的行星只有这6颗。随着强力天文望远镜的出现,剩下的2颗行星也先后被人们所发现:首先是天王星(1781年发现),然后是海王星(1846年发现)。至于矮行星冥王星则是在1930年被发现的。现在,无人宇宙探测器已经造访了所有的八大行星,并且还在火星和金星上成功实现了着陆。

↗ 八大行星与矮行星冥王星绕太阳运转示意图
(注:关于矮行星冥王星和厄里斯的相关描述,请参照2006年8月24日国际天文学联合会大会的决议文草案。)

◇ 寻找另一个"地球"

科学家们估计,银河系中大约有

■ 我的第一次探索 ●●●●

300亿颗恒星拥有自己的行星,这些行星就像八大行星一样,绕着各自的"太阳"运转。目前,天文学家们正在努力寻找这些"系外行星"。它们距离地球太过遥远,无法用望远镜直接观测到。不过由于它们的引力会对各自的"太阳"产生扰动,所以还是可以被探测到的。天文学家已经发现了大约100颗左右的"系外行星",其中大部分的体积都和木星一样庞大。天文学家们希望有一天也能找到和地球一样大小的行星。

恒星:燃烧的巨大星球

和太阳一样,恒星也是由炽热气体组成的巨大的星球,这些炽热气体的温度高得令人难以想象。

恒星会发光是因为它们在释放能量。在每个闪闪发光的恒星深处,巨大的压力使氢原子相互挤压产生核聚变,所释放的能量相当于一颗大型氢弹所释放能量的数百万倍。这些核聚变使恒星中心的温度升得非常高,以至于表面都发出白热的光。一颗恒星能够持续发光,不断送出光、热、电磁波和其他多种辐射,直到最终氢气耗尽为止。

↗ 恒星诞生于由宇宙尘埃和气体所构成的宇宙云中。

◇ 它们通常不会爆炸

恒星产生能的方式与氢弹相同,但是它们很少会发生爆炸。中等大小的恒星能够稳定燃烧数百万年,因为推动气体向外膨胀的热能与吸引气体向内的重力存在着一种平衡。当核燃料燃尽后,这种平衡被打破,恒星才会发生坍缩。当然,在某些情况下也会爆炸。

◇ 一颗恒星的诞生

漫漫宇宙中，每天都有恒星突然出现或慢慢消失。最初恒星是气体和尘埃构成的巨大云块，物质聚集在一起形成一大块云称为分子云，每个分子云都包含有蒸发的气体小液滴或者"胚"，这便是恒星的雏形。在黑黑的分子云里面，"星胚"受到自身重力而被挤压，温度逐渐升高。当一个星胚达到足够高的温度时（至少是1 000万℃），开始产生聚变，它就变成了一颗恒星。类似太阳大小的中等恒星可以燃烧100亿年。

◇ 双子星，一对相互绕行的舞者

许多恒星都是成对出现的，人们称之为双星。真正的双星是在彼此的引力作用下靠在一起，就像一对共舞的舞者一样相互绕行的两颗恒星。有时候，一颗恒星运行到另一颗的前方，就会发生恒星间的掩食现象。从地球上看，有时候两颗恒星同处于一条直线上，因此尽管它们根本不挨着，但是看上去还是很像一对双星。天文学上将此现象称为"视觉双星"。

◇ 最亮的恒星

恒星发出光的颜色与它们的温度有关：蓝色的恒星温度最高，红色的恒星温度最低。天文学家用数字或者"星等"为恒星的亮度划分等级。最亮的恒星有最低的星等，甚至有可能是负数。一些恒星看起来比其他星星要亮，这是因为它们离地球更近，所以天文学家使用"相对星等"的概念，指恒星与其他星相比的亮度，和"绝对星等"指恒星的绝对亮度。

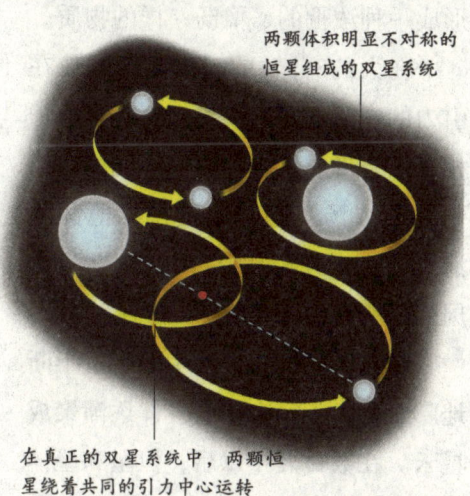

两颗体积明显不对称的恒星组成的双星系统

在真正的双星系统中，两颗恒星绕着共同的引力中心运转

↗ 由两颗相似大小的恒星所组成的双星系统。两颗恒星有可能靠得很近，也有可能相隔数百万千米。

■ 我的第一次探索

"宇宙大爆炸"

> 宇宙不是一开始就存在的。科学家们认为宇宙诞生于130亿~150亿年前的"宇宙大爆炸"。

大爆炸前一刻的宇宙只是一个灼热的小球,里面包含着现在宇宙中的一切。然后,随着有史以来最大、最剧烈的一场爆炸,宇宙诞生了!电磁力、万有引力等基本作用力也随着大爆炸分离出来。这场爆炸相当猛烈,以至于到现在为止,宇宙中的所有物质还在不断地向外疾驰。

◇ 一切源于一个"点"

最初,宇宙只是一个比原子还小的灼热小球,它的温度比现在任何恒星的温度都要高。随着一声爆炸,宇宙诞生了。然后它开始急速膨胀,其膨胀的速度远远超过光速,以至在最初的几微秒里就膨胀到了一个星系的大小。

随着宇宙的继续膨胀,它的温度开始下降,于是能量和物质的小颗粒——每一个都比原子还要小——开始形成一种浓稠的、像汤一样的物质。

在大约3分钟的时候,小颗粒在引力的作用下开始聚集到一起。原子相互结合形成氢气和氦气等气体,而"物质浓汤"则开始变得稀薄和澄清。在大爆炸3分钟以后,现在我们周围的所有物质开始慢慢形成。

随着时间推移,新生的宇宙不断地膨胀变大,宇宙中的气体逐渐聚成星云。在数百万年以后,恒星和星体开始在星云中诞生。

◇ 宇宙在"膨胀"

天文学家们通过观察星系在宇

↗ 浩淼的宇宙

宙中的运动方式，提出了"宇宙大爆炸"理论，并且计算出大爆炸发生的时间。他们还发现，宇宙中所有的星系正在逐渐远离地球而去。如果这是真的，那么就说明宇宙正在不断膨胀之中。而如果现在的宇宙仍在不断膨胀，那么肯定在某一时刻，宇宙的体积曾经非常之小——这就是所谓的"宇宙膨胀说"。

◇ **星系都在远离我们而去**

通过观测星系的颜色，天文学家们就能够准确地判断出星系的运动方向。如果星系正在远离地球而去，那么这个星系向它身后发射的光的波长就会被拉长，光的颜色看上去就会偏红。星系远离的速度越快，光波就会被拉得越长，颜色就越红。这就是所谓的红移现象。

改变世界的天文望远镜

天文望远镜是观测天体的重要手段，可以毫不夸大地说，没有望远镜的诞生和发展，就没有现代天文学。

最早的透镜主要被用做放大镜，它们是凸透镜，即两面向外凸出的透镜，可以产生近处物体放大的像。但是科学家与天文学家需要有远处物体放大的像，而望远镜则恰好满足了这一需求。

荷兰籍德裔眼镜制造商汉斯·李伯希于1608年制造了首架望远镜，之后将这一发明卖给荷兰政府用于军事。但是因为他人也宣称是望远镜的发明者，所以荷兰政府并未授予李伯希望远镜发明的专利权。李伯希发明望远镜的消息传到意大利科学家伽利略的耳中，他也立刻自制了一台望远镜用来观测星空，并利用它发现了太阳黑子、月球陨石坑、4颗木星的卫星等。

另一位同时代的天文学家——德国人约翰尼斯·开普勒正确揭示了这类望远镜的工作原理：物体光线经过凸透镜后产生放大的虚像，继而由凹透镜将其聚焦，从而达到放大远处物体的效果。同时开普勒建议使用两个凸透镜，以获得更大的放大倍数。

■ 我的第一次探索

1611年德国天文学家克里斯托弗·施内尔采纳了开普勒的设计，制造出放大倍率更高的天文望远镜。由于两个凸透镜的存在，使得该望远镜的成像为上下颠倒的，因而在此后几个世纪里，月球表面图中的"北极"总是显示在月球的底部。

当时的望远镜透镜存在诸多缺点，比如"色差"，它使图像边缘镶上了各种色彩，严重影响了观察精度。1655年，荷兰科学家克里斯蒂安·惠更斯发现经过抛光与打磨等工序后的透镜能在一定程度上减弱色差。使用此类改进型天文望远镜，他首次观测到了土星环。

直到1758年，英国眼镜与天文仪器制造商约翰·多朗德发明了消色差天文望远镜，才最终解决了色差问题。他重新发现了1733年由英国业余天文爱好者切斯特·霍尔首次使用过的制作消色差透镜的方法，这种至今仍在使用的方法包括了拥有两个分离部件结合在一起的一组复合透镜。复合透镜的第二个部件由冕玻璃制成，能够修正由第一个部件（由燧石玻璃制成）引起的色差。其工作原理是这两类玻璃以不同的方式轻微地弯曲光线。

另一种避免出现色差的方法就是使用微曲率长焦距透镜，但用这一方法制造的望远镜很大，常常超过10米。1650年，波兰业余天文爱好者约翰纳斯·赫维留斯建造了一台长达45米的望远镜，又称高空望远镜，这类望远镜有一个大型支架系统，在观测时，利用滑轮与绳索系统移动镜筒，观测目标。

由于平面镜不会引起色差，因此使用拥有平面镜而不是透镜的反射式天文望远镜观测天体能够获得更好的成像效果。1663年，苏格兰数学家、发明家詹姆斯·格里高利在设计望远镜时意识到这一特点，于是他使用一块小的曲面副镜将光线反射回去，穿

↗ 图为牛顿式反射望远镜。1663年，苏格兰数学家詹姆斯·格里高利设计了首架反射式天文望远镜。1668年，牛顿根据自己的设计，建造了区别于格里高利的反射式天文望远镜，该望远镜具有目镜结构，内含一块直径3.3厘米的反射镜，能够将物体放大40倍。

过主镜中的一个孔进入一块目镜。

后来，英国科学家罗伯特·胡克改进了这一设计。而另一些类似的反射式望远镜则分别由牛顿于1668年，以及由法国牧师劳伦·卡塞格伦于1672年设计建造。当时的卡塞格伦式反射式望远镜设计仍存在缺陷，直至1740年才由苏格兰光学仪器制造商詹姆士·肖特最终完善。1857年，法国物理学家里昂·傅科特采用镀银玻璃以制造曲面反射镜，这一设计不但制作工艺简单，而且如果意外破损，还可再次镀银，极大地改进了望远镜的制造工艺。与制造大型透镜相比，制造大型反射镜容易得多，因此，天文望远镜也开始变得越来越庞大，同时性能也越来越优良。

当今，世界上最大的折射式天文望远镜坐落于美国芝加哥附近的耶基斯天文台，该天文望远镜的透镜直径达1米，于1897年建造完成。而建于1948年的大型黑尔式反射式望远镜则位于美国加利福尼亚州西南部帕洛马山山顶，该望远镜的反射镜直径达5米。由于工艺上的原因，更为大型的天文望远镜不再采用单一反射镜的结构，取而代之的是由一系列较小的六边形镜片组成蜂窝状反射镜组结构，同时采用电脑控制，调整该镜片组镜片位置达到最好的反射与聚焦效果。位于美国夏威夷群岛的凯克天文台拥有两台世界上最大的反射式天文望远镜，它们各自由36块直径10米的六边形反射镜组成。

地球—太空自由穿梭

航天飞机的发展过程是一段喜与悲共存的历史。在这段历史中，既包括美国太空总署取得的举世瞩目的成就，也包括两次最惨痛的灾难事故。

航天飞机是可重复使用的、往返于太空和地面之间的航天器，结合了飞机与航天器的性质。它既能代表运载火箭把人造卫星等航天器送入太空，也能像载人飞船那样在轨道上运行，还能像飞机那样在大气层中滑翔着陆。航天飞机为人类自由进出太空提供了很好的工具，它大大降低航天

我的第一次探索

活动的费用,是航天史上的一个重要里程碑。

1972年1月,美国正式把包含研制航天飞机的空间运输系统列入计划。美国太空总署想建造一种运载火箭,利用它既可以完成航天任务,还可以自己返回地球上的发射基地。火箭只能使用一次,代价昂贵,而具备上述特点的航天飞机却可以重复使用。科学家起初认为航天飞机一年可以执行50次任务,但实际上每年只能重复使用8次。

航天飞机主要由三部分组成:外形像飞机的轨道飞行器机身长37.2米,装有3台以液氧和液氢为燃料的主引擎。巨大的外挂燃料箱内装有补给燃料。两台长45米的固体燃料火箭推进器连接在外挂燃料箱两侧。航天飞机的前段是航天员座舱,分上、中、下三层。上层为主舱,可容纳7人;中层为中舱,也是供航天员工作和休息的地方,有卧室、洗浴室、厨房、健身房兼贮物室;下层为底舱,是设置冷气管道、风扇、水泵、油泵和存放废弃物等的地方。航天飞机的货舱长18米,最大有效载荷可达27.6吨,是放置人造地球卫星、探测器和大型实验设备的地方。与货舱相连的还有遥控机械臂,用于施放、回收人造地球卫星和探测器等航天器,还可以作为宇航员太空行走的"阶梯"。

航天飞机发射升空后,所有的五枚火箭(安装在轨道飞行器上的三枚火箭以及两枚固体燃料火箭推进器)全部点燃。两分钟后,外置的两枚火箭推进器脱离机身并借助降落伞落入大海,回收修复后还可以重复利用20次。当轨道飞行器进入地球轨道6分钟后,机组航天员将外挂的燃料箱抛离机身,燃料箱重新进入地球大气层后烧毁。在任务完成返航阶段,机组航天员将机动火箭点燃使航天飞机减速,然后航天飞机在海拔高度120千米处重新进入地球大气层,距离发射基地8 000千米远——发射基地通常是肯尼迪航天中心。轨道飞行器经历

↗ 航天飞机进入地球轨道后,以28 160千米/小时的速度历时90分钟环绕地球一周。

滑翔减速,与大气摩擦产生的热量使机翼上的耐热片以及机身迅速达到红热状态。航天飞机经历整个降落减速过程后,在其着陆阶段,减速降落伞使航天飞机进一步减速,速度约为320千米/小时。

美国太空总署已经建造了六架航天飞机。他们利用第一架航天飞机,即1977年的"企业"号,做大气层滑翔测试,但从来没发射入太空。1981年,"哥伦比亚"号成为第一架进入地球轨道飞行的航天飞机,接下来就是1983年的"挑战者"号、1984年的"发现"号和1985年的"亚特兰蒂斯"号航天飞机。1986年1月,美国"挑战者"号航天飞机在第10次发射升空后,因助推火箭发生事故而爆炸,舱内7名宇航员(包括一名女教师)全部遇难,使全世界对征服太空的艰巨性有了一个明确的认识。美国太空总署建造了"奋进"号取代了"挑战者"号航天飞机,并在1992年成功发射。2003年2月,载有7名宇航员的美国"哥伦比亚"号航天飞机返回地球时,在着陆前16分钟时发生了意外,航天飞机解体坠毁。事故调查委员会指出哥伦比亚号航天飞机升空80秒后,一块从外挂油箱脱落的泡沫损伤了左翼,并最终酿成大祸。经过缜密的修理之后,"发现"号航天飞机于2005年又发射升空。14天后,它返回地球基地,由于天气的原因没能降落到肯尼迪航天中心,而是降落在了爱德华空军基地。

星际旅行不是梦

人类的太空探索之旅始于20世纪中期。自从1957年苏联发射了第一颗人造地球卫星之后,人类已经将几百颗航天器送入了太空。

随着宇宙飞船相继造访太阳系的几大天体,人类所能探测的宇宙空间越来越大,范围也越来越广。1969年,美国的"阿波罗11"号在月球上成功登陆。1976年"海盗1"号探测器登陆火星。1973年"先驱者10"号探测器抵达木星。于1977发射的"旅行者1"号和"旅行者2"号探测器已

我的第一次探索

↗ 在发射架上等待发射的航天飞机

经飞越冥王星的轨道,但总的说来还没有飞出太阳系的范围。

◇ 太空穿梭"乘"什么

早期的载人宇宙飞船只能被使用一次,在返回地球时只是用一个小小的飞行舱装载宇航员。现在,宇航员乘坐航天飞机进入太空轨道。航天飞机能像普通飞机一样多次重复地起飞和降落。苏联的航天飞机是一艘名为"暴风雪"的一次性飞行器,而美国的航天飞机则是人们熟知的"轨道穿梭机"。

◇ 探索空间的利器

尽管目前为止人类仅登上过月球,但是宇宙探测器却已经造访了太阳系的八大行星。美国宇航局的"伽利略"号探测计划可算是其中最为成功的探测计划之一了。"伽利略"号不仅环绕木星飞行,还于1995年12月成功下降进入木星大气层,拍摄并传回有关木星及其卫星的许多令人震惊的图片资料。

◇ 谁把飞船送上天

要使宇宙飞船能达到足够的速度以摆脱地球的引力作用进入太空,通常需要强大的火箭提供推动力。宇宙飞船一旦进入太空,就不再需要火箭的推动了。将宇宙飞船送入太空的任务是由一系列火箭或者是数级火箭共同完成的,一旦任务完成,推进燃料耗尽,各级火箭就相继从本体分离、脱落。

◇ 人类在太空有个"家"

空间站是一类停留在太空中的宇宙飞船,它们沿着轨道不断绕地球运行。空间站为宇航员、科学家以及偶尔的太空游客们提供了一个太空的家。在一系列的宇航任务中,空间站被一点一点地建造起来。目前运行的空间站——国际空间站是有史以来最大的空间站,它长达108米,所提供的生存空间足以容纳2架巨大的喷气式飞机。

科学总动员

飞出太阳系

我们居住的星球是太阳系8大行星之一，但是据目前所知，地球是唯一有生命存在的星球。尽管已经经过了很多年的探索，但天文学家们仍然没有在宇宙的其他任何地方发现与地球相似的星球。

人类目前掌握的航天技术还远远不能适应飞出太阳系的需要。鉴于宇宙尺度的宽广，即使飞船的速度可以达到光速，但到离太阳最近的恒星——比邻星飞一个来回，仍需要近10年的时间，在银河系转一圈需要几十万年，要飞出银河系，到达最近的仙女座星系，需要230多万年，而要在宇宙中周游，则需要几百亿年的时间。目前，人们寄希望于爱因斯坦相对论的速度效应，即宇宙飞船高速飞行时，时间会膨胀，距离会缩短，越接近光速，速度效应越显著，到无限接近光速时，时间几乎停滞，尺寸几近于零。另外，以当前人类的科学技术，同样无法解决火箭燃料的问题。

◇ **反物质引擎**

美国著名科幻片《星际旅行》使得反物质引擎变得知名，剧中人用

↗ 绕木星轨道飞行的"伽利略"号探测器

我的第一次探索

扭曲推进器来推进"企业"号宇宙飞船，以使其超光速飞行。反物质的确存在，并且当其与物质发生碰撞时，会释放出巨大的能量，也许有一天物质-反物质引擎会被用来推进太空飞船，但它不会以超光速飞行。

◇ 负质量

扭曲推进需要负质量来使太空船后方的宇宙膨胀，与此同时，以等量的正质量使宇宙飞船前方的宇宙收缩，量子物理学提出负质量可能存在，但目前人们还没能证实。如果该理论得到证实，那么人类的交通运输将会发生翻天覆地的变化。

◇ 路漫漫，其修远

美国伦斯勒理工学院助理教授布里斯-卡塞蒂分析，要想利用火箭向半人马座阿尔法星发送一颗探测器，至少要耗费地球上已产出的全部能量。这是一个非常惊人的巨大数字。更有甚者，这种想法如果真要付诸实施，那么实际的能量消耗可能会比预估的还要高出100倍。人类不可能真的会去榨取地球所有的资源去实现遥远的星际旅行。在今后几十年的时间内，人类主要还是开展一些相对可行

↗ 1977年时，美国国家航天航空局（NASA）于美国佛罗里达州的卡纳维尔角发射了两艘太空探测器——"旅行者1"号和"旅行者2"号，根据美国天文学家的计算，美国"旅行者2"号星际探测器目前已抵达太阳系的最边缘。

的航空活动，如建立永久性载人空间站，发展廉价的天地往返运输系统和宇宙飞船的高能动力系统，建立永久性月球基地，开发月球资源等。

目前在太空中飞得最远的人类文明"使者"——美国"旅行者"号探测器，正在向太阳系边界逼近。甚至有科学家认为，它一度可能已突破了太阳系与外部星际空间的第一道交界线。但是严格说来，这些并不能说成是人类飞行的距离，因为它们都没有载人飞行。真正人类最远的飞行距离，也就是载人航天器飞行的最远距离，只有从地球到月球那么远，约为38.4万公里，这一纪录还是在20世纪60~70年代创造的，至今未能突破

科技，改变生活

KEJI GAIBIAN SHENGHUO

■ 我的第一次探索

机械，原来可以很简单

机械能够改变力的大小或方向，通过机械，我们能够轻而易举地完成一些徒手很难完成或根本无法完成的任务。

机械多种多样，简单的如门把手，复杂的如太空飞船。机械可以划分为6种基本类型：斜面、楔、杠杆、螺旋体、滑轮以及轮轴。所有的机械，包括那些最复杂的机械，都是基于力和位移的关系原理而工作的。

★ 人类大约在200万年前开始使用杠杆，他们在石斧上捆上柄，以便能轻松地劈开物体。

★ 世界上最大的起重机由日本武藏公司生产，能够举起3 000吨的重物。

◇ 杠杆，轻轻松松抬起来

一根能够绕着支点（中心枢轴）转动的硬棒便构成一个杠杆。如果我们在杠杆的一端施力，就可以移动杠杆另一端的负载。支点离负载端越近，就越省力。杠杆主要分为3类：第一类杠杆的支点在中间，例如跷跷板；第二类杠杆，例如手推车，其支点在一端，施力点（推力）在另一端，而负载在中间；第三类杠杆，例如锤子，施力点在负载端和支点（把手）之间。

↳ 图中包含有3个简单的机械：手推车（杠杆）、轮轴、斜坡（斜面）。

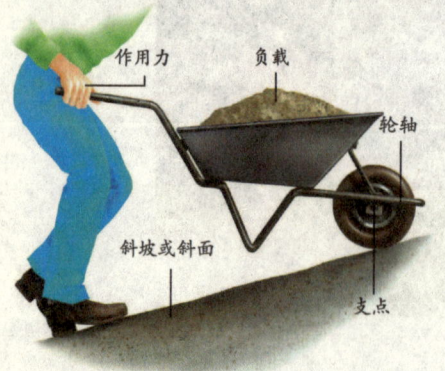

◇ 轮子的力量

如果我们徒手将重物运到山上，将是一件很费力的事情。但是如果我们先将重物装在手推车中，再将它推到山顶上，则轻松很多。轮子减小了重物与地面之间的摩擦力（阻力），因而能够省力。沿着斜坡推物体比较

科学总动员

容易，这是因为斜面使得物体以倾斜的角度上升或下降，而不是垂直上下。

◇ 滑轮越多越省力

滑轮是提升重物的最好装置。将绳子或链条缠绕在一根硬棒上，就构成了一个最简单的滑轮。然而，在一般情况下，一套滑轮装置中会有几个滑轮，每个滑轮的边缘都有凹槽，绳子从凹槽里穿过，将这些滑轮连接起来。单滑轮系统只有一个滑轮，仅能改变作用力的方向，不过对人们来说这已足够，因为向下拉物体总比向上提物体容易。如果绳子从几个滑轮中缠绕而过，负载的重力就平均分配到各段绳子上，每段绳子承受的作用力大大减小。滑轮组由多套滑轮构成，

↘ 通过增加距离来减小作用力，人们利用一套简单的滑轮装置就能够拉动很重的物体。

通过滑轮组，我们就能够以较小的力拉动较重的物体。

◇ 大齿轮，小齿轮

钟表及汽车等设备上能够转动的部分都有传动装置。传动装置可以改变引擎产生的机械力，从而调整设备运动的方向和速度。传动装置通常由2个相互咬合、同步旋转的齿轮构成。当大齿轮带动小齿轮转动时，需要的力较小，转速较快；当小齿轮带动大齿轮转动时，需要的力较大，转速较慢。

◇ 楔，简单的机械

两个斜面背靠背地放在一起构成一个楔。我们用楔，例如斧头，来劈开物体。螺丝钉实际上就是缠绕着一根小硬棒的楔，它可以将旋转力转化为缓慢而稳定的推进力。

◇ 不断循环的电梯

自动扶梯，即电梯，利用滑轮的力量上下运输乘客。电梯上的滑轮装置就像自行车上的链条一样，两端各包裹着一个边缘有嵌齿的滑轮，通过滑轮的转动带动电梯的移动。电梯不断循环运动：当电梯上的某一点到达最顶端时，立即反向向下运动，直

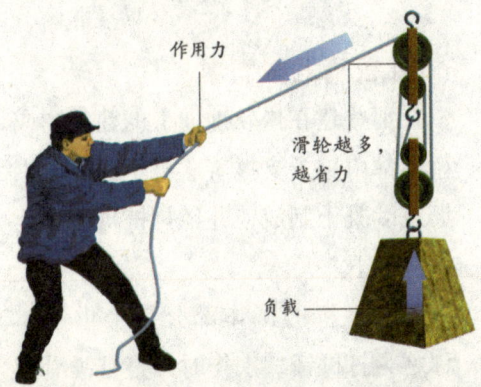

> 我的第一次探索

至最底端，随后再向上运动。每一时刻，电梯上总有一半的部分在向下运动，其势能转化为动能，推动另一半向上运动。因此，电梯自身的运动并不消耗任何能量，驱动马达只提供运送乘客的能量。

身边的建筑

在过去，大多数大型建筑物，如教堂等，都是由石头建成，而整个建筑物的强度取决于厚厚的墙壁。如今的大型建筑物如摩天大楼等，内部都有一套由钢筋大梁、横梁以及混凝土柱子构成的骨架系统。

现代建筑中，钢筋和混凝土组成的骨架系统底端由重型机械（如打桩机）深深地打入地下，而这些建筑物的强度就由这套骨架系统决定。骨架系统支撑着屋顶、墙壁及地面，因此如果墙壁不需要承担任何额外压力的话，它们甚至可以由玻璃制成。隧道及拱形建筑与上述建筑物的类型不同，它们的强度由弯曲的墙壁和拱门决定。

◇ 摩天大楼凭什么高

摩天大楼是一种令人惊叹的建筑物，通常高约几百米，直插云霄。为了能够支撑起如此庞大的身躯，摩天大楼的根基（建筑物地面之下的部分）必须足够牢固。它们一般由大量的钢筋混凝土或钢柱构成，并深深地埋在地下，而大楼的墙壁和地面则附着在由钢筋大梁、横梁构成的骨架上。当一座摩天大楼的高度超过40层时，强风从大楼边缘刮过时产生的推力比大楼自身的重力还要大。因此，建筑师不仅要确保大楼水平方向上足够结实，而且垂直方向上也必须是牢固的。

◇ 扎根真的很重要

那些建在松软地面上的建筑物或桥梁都由桩子支撑着。桩子一般由钢筋或混凝土制成，并经打桩机深深地打入地下。

打桩机的工作部分是个重锤，称之为打桩锤。工作时，打桩锤沿着

◆◆◆◆ 科学总动员

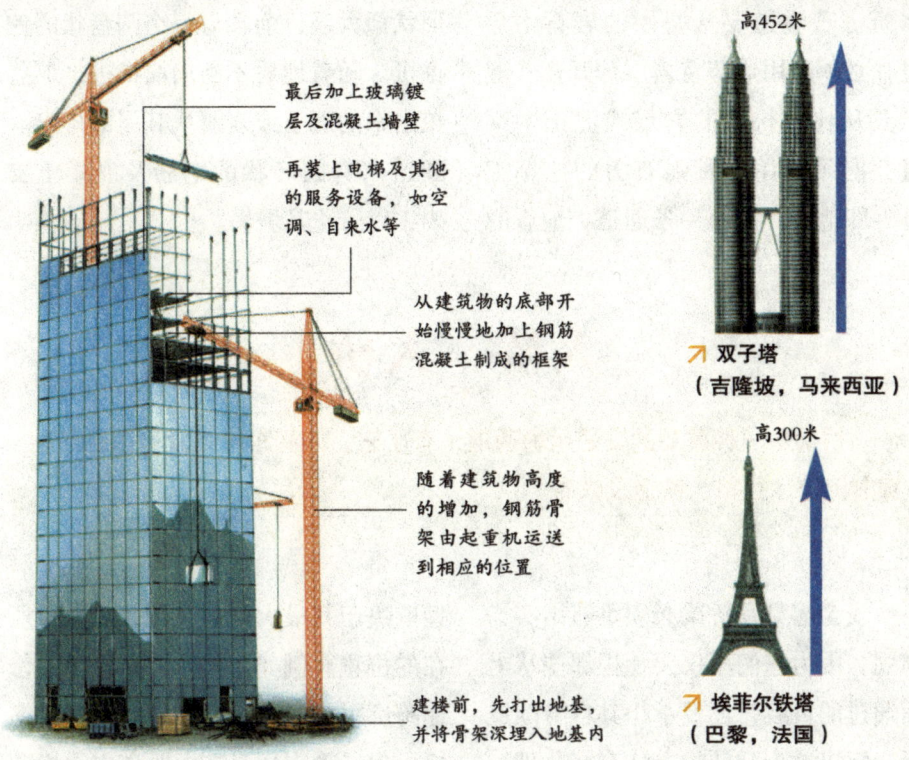

最后加上玻璃镀层及混凝土墙壁

再装上电梯及其他的服务设备，如空调、自来水等

从建筑物的底部开始慢慢地加上钢筋混凝土制成的框架

随着建筑物高度的增加，钢筋骨架由起重机运送到相应的位置

建楼前，先打出地基，并将骨架深埋入地基内

高452米

↗ 双子塔
（吉隆坡，马来西亚）

高300米

↗ 埃菲尔铁塔
（巴黎，法国）

打桩机的直杆部分升至半空中，接着重重地落下，撞击竖立在地面上的柱子，将它们打入地下。1847年，苏格兰工程师詹姆斯·雷史密斯发明了一种蒸汽打桩机，其打桩锤重约7吨，每分钟能打桩80次。当今打桩机的重锤上升过程都由压缩气体驱动，而其下降过程则由电脑精确控制。

◇ 石拱门的"拱"

拱门通常是在一些楔形的大石块（拱石）上添加石头或砖头修建而成的。在修筑拱门的过程中，最初会用一些与拱门形状相同的木制框架支撑着整个建筑物。修建到一定程度后，再移走那些木制框架，由拱门两侧抵着拱顶石产生的压力支撑起整个建筑物。

◇ 不同隧道，修法各不同

地表浅层的隧道可通过"先挖再填"的方法来修筑。这就是说，先在地上挖出一条巨大的长长的渠道，再将顶部填封起来，这就形成一个隧道，但深层隧道必须采用钻孔的方法

· 45 ·

我的第一次探索

修筑。若隧道要从坚硬的岩石中穿过，必须先用炸药将岩层炸开；若隧道要从比较松软的岩层或泥土中穿过，必须先用一种强有力的挖掘工具，即地盾，挖出一条通道。地盾的形状似大鼓，前端有一个圆盘状的挖掘机。随着地盾不断向前推进，那些挖出来的泥土或岩屑从其尾部排出。隧道内有圆环状的钢筋及混凝土支架，以防止其坍塌。

大桥，大桥

桥梁是一种重要的交通运输通道，有了它，人和车辆等就可以轻易地穿越河流、公路、铁道及峡谷。

安全起见，桥梁必须足够结实、牢固，因为它们不仅要承担那些从上面通过的负载，还要承担其自身的重量。解决这个问题的方法有好几种，无论哪种方法，桥台都不可或缺。每座大桥的两端都会有巨大的支撑物，称做桥台，其根部埋在坚硬的地层里，而在大桥的中间也有一些支撑物，称之为桥墩。相邻桥墩之间的距离称为跨度，中心跨度是指水位最深地方的跨度。中心跨度一般较大。

◇ 桥有多少种

传统意义上的桥梁是一些简单的木制或石制的拱形结构。现今的大桥都由钢筋混凝土建成，而它们的类型取决于其最大载重量，以及大桥所在的位置。例如，如果要在水面上修建跨度很大的桥，最好选择吊桥或缆桥；如果希望桥身在短距离内承担非常重的负载，最好选用梁桥；如果要在长距离内承担重型负载，最好选用悬臂桥。

◇ 悬臂桥里有小悬臂桥

悬臂桥的桥身分成长而坚固的几段，每段的中央塔两侧各有一个结实的钢筋大梁，两个大梁相互作用，使这段桥身达到平衡状态。因此悬臂桥的每一段都可看成是一座独立的小悬臂桥，与其他桥段不发生力的作用。中央塔支撑着大梁，因而不需要额外

科学总动员

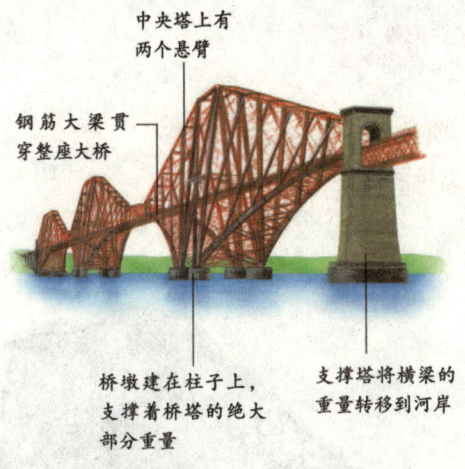

↗ 悬臂桥结构示意图

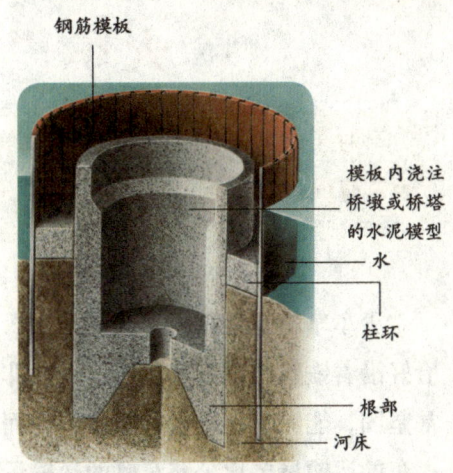

增加支撑柱。

◇ 把桥移开！

如果河流或运河两岸与水面的高度差很小，为了确保船舶从桥下经过时不至于撞上桥身，一个有效的方法是把桥移开。活动桥的中部能够断开并向上翘起，让船从下面通过；旋桥则固定在中央桥墩上，当河上有大型船舶经过时，由液体驱动桥身向两侧旋转，使轮船顺利通过。

◇ 桥是怎么修成的

修建桥梁的第一步是修筑桥台和桥墩。为了能在水中立起桥墩，应首先在河床上修建一个和桥墩形状相同的钢筋模板。将模板内的水抽净，再在模板内修建桥墩，最后将模板移走。桥墩位于2个桥台之间。

◇ 吊桥，如此壮观

如果要跨越非常宽阔的河道，吊桥是最好的选择，其跨度通常可以达到1 200米。道路或铁路桥面靠钢缆吊在半空，钢缆牢牢地悬挂在桥塔之间，其两端由混凝土固定在桥两头。为了防止桥面在风中摇摆得过于厉害，通常将它们固定在一个框架内。垂直钢缆支撑着桥面的所有重量，并且将这些重量通过桥塔转移到桥两端的混凝土上，从而达到减轻桥面应力的目的。

■ 我的第一次探索

火车"轰隆隆"

> 对于火车来说，单是一辆货车一次就能运输20万吨铁矿石，而客车通常有很多节车厢，一次能运输几千名旅客。

火车车轮是钢制的，边缘凸出，恰好沿着铁轨内侧高速运行。铁轨非常坚固，能够承担极大的重量，因而火车的运输量要比公路车辆的运输量大得多。但是，并非所有的铁路运输工具都是在铁轨上运行的——单轨列车在铁轨下运行，而磁悬浮列车则悬浮在铁轨上方运行。因为火车的运行速度极快，那些控制它们的转换器和信号必须足够准确，以保证火车的安全运行。

◇ 列车悬挂在轨道之下

单轨铁路使用的轨道只有一条，其路轨一般以钢筋混凝土制成，而列车要么悬挂在轨道之下运行，要么跨坐在路轨之上。当列车在路轨上行驶时，车轮会在路轨的上面及两旁转动，推动列车前进，并维持车身平衡。单轨列车已有100多年的历史，最早的单轨铁路于1901年建在德国的伍珀塔尔。现今，东京和西雅图都有

稳定侧轮　单轨铁道
回转仪传感部分　驱动轮承担着列车的主要重量，由橡胶制成，以便降低噪声和车身的振动

↗ 单轨铁路能够架设在城市街道之上，从而不必再修建地下隧道。

单轨列车系统。

◇ 铁路上的交通信号

交通信号提示列车工作人员铁道上是否存在着危险。线路值班员通过关闭某一路段来阻止列车进入已经被其他列车占据的铁轨。欧洲和日本的一些铁路段已经安放了高级列车保护装置（ATP），在这些铁轨上运行的火车能够接收相关铁轨的信息，并通

科学总动员

↗ 铁道信号灯的规则：红色代表停止或有危险，黄色代表警告，绿色代表一切安全。

知驾驶员应该以怎样的速度行进；如果驾驶员未能及时作出反应，火车就会自动减速。美国正在开发高级列车控制系统（ATCS），这套系统将依赖卫星及其他一些高科技通信设备实现相应的功能。

◇ **神奇的磁悬浮列车**

　　两个同名磁极靠近时会互相排斥。磁悬浮列车正是利用这种同极磁体间的斥力，使列车悬浮在铁轨之上运行。铁轨上使用的电磁铁的磁性极强，能将整个列车托起，使其悬浮在距离铁轨几厘米的空中。该系统完全消除了列车与地面的摩擦，因而磁悬浮列车能够以每小时480千米甚至更

快的速度平稳而安静地运行。人们正计划修建从加利福尼亚的阿纳翰通往拉斯维加斯，以及从日本东京通往大阪的高速磁悬浮铁路线。但是鉴于磁悬浮系统的修筑费用极高，而可靠性又不是很好，因而目前仅用于短程、低速的铁路系统，例如中国上海就有专门开往浦东机场的磁悬浮列车。

◇ **火车是怎么拐弯的**

　　列车驾驶员是无法自由操纵列车行进的方向的，因而有时候，列车必须通过改行其他铁轨的方式才能改变行进的方向。

　　铁路上有一些岔口，此处原来的铁轨经道岔尖轨分支出2条新的铁轨，各自通往新的方向。这2条新的铁轨称为铁路旁轨。当火车行至此处时，由先前的轨道平稳地滑向新的轨道，就能改变行车的方向。2个道岔尖轨的一端为枢轴，另一端的下方有一个滑行器，滑行器由电磁铁驱动着缓慢滑动，使道岔尖轨的另一端滑向原铁轨，火车从而能够平稳地从原来的行进方向过渡到新的行进方向。

■ 我的第一次探索

汽车跑起来

当今世界上的汽车总量正在以2辆/秒的速度不断增加。机动车辆多种多样，从自带行李箱的豪华客车，到能够翻山越岭的四轮越野车，再到速度极快的摩托车，都属于机动车。

虽然机动车的外形各不相同，但是它们的生产过程却大致一样。它们都需要有刹车系统，都由引擎或电动机驱动，都有一套传动装置来控制引擎产生的驱动力。

◇ 刹车系统要强大

要想停住一辆正快速行驶的汽车，必须有足够强大的刹车系统。当司机踩下刹车踏板后，制动液经细细的管道冲进各车轮上的钢瓶，液体的强压力将车轮上一种特殊的垫子——制动垫压向制动圆盘，这一过程中产生的摩擦力迫使车轮转速降低，最终停止转动。

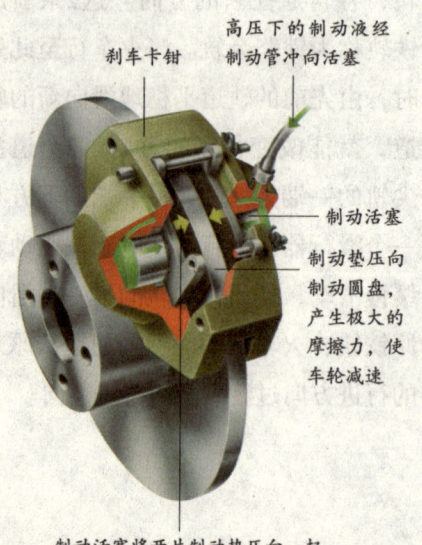

↗ 刹车系统示意图

刹车卡钳
高压下的制动液经制动管冲向活塞
制动活塞
制动垫压向制动圆盘，产生极大的摩擦力，使车轮减速
制动活塞将两片制动垫压向一起

↗ 简单的嵌齿结构完全改变了传动装置的旋转方向。

↗ 齿轮齿条装置将旋转运动转化为滑动。

↗ 伞齿轮以适当的正角改变原来旋转的方向。

↗ 涡轮以适当的角度将原来齿轮的旋转运动转变为一种更缓慢、更强有力的转动。

> * 1994年全球共制造了4 997万辆机动车，其中包括3 600万辆汽车。
> * 1908年的福特T型车是世界上第一款销量超过100万辆的汽车。

许多汽车内部都配置了ABS（防抱死制动系统），它通过电脑瞬间自动控制刹车过程，从而有效预防通常刹车造成的车轮被锁及刹车中断。

◇ **传动装置，让快慢随心**

汽车引擎只能在一定的速度范围内高速运转，而车轮的转速却可以随时改变，因此大多数汽车引擎和车轮之间都有一套传动装置，能改变引擎和车轮之间的连接情况，使匀速转动的引擎能够驱动车轮以不断变化的速度行进。

将引擎调到低档，以增加其驱动力，从而使较小转速的引擎能够驱动重型车辆行进。在汽车加速或爬坡时，司机通常将引擎打到较低档来增加其推动力。对于那些有自动传动装置的汽车，系统会自动选取右边的档位为最低档。

◇ **为什么转弯时，车身要倾斜**

正如汽车司机所做的一样，骑摩托车的人转弯时也同样会将车的前轮向内拐，不仅如此，他们还会尽量地让车身倾斜，将整个车子和人的重量都集中在车轮的边缘。如果他们不这样做，而是保持着车身与地面的垂直，摩托车高速前进时产生的动量有使车保持直线行进的趋势，这样车和人都会被重重地甩向曲线之外，这是极为危险的。因此，骑摩托车的人总是倾斜车身以抵消转弯时产生的强大离心力。

◇ **汽油发动机**

汽油发动机的作用是将气缸内汽油和空气的混合物燃烧产生的化学能转化为机械能。火花塞产生的电火花引燃气缸内的混合物，其体积急剧增大，这一过程产生极大的压力，推动活塞沿气缸向下运动，带动曲轴转动，进一步通过变速箱引起车轮的转动。4个气缸（其中有2~3个气缸引擎）分时工作，构成引擎的4个冲程，即1个周期。

■ 我的第一次探索

船在水上走

一些轻的物体，如木头，其密度比水小，因此能够漂浮在水面上。轮船通常由钢铁等很重的材料制成，却依然能够漂浮着，这是因为船体内部通常都是空的，被空气所占据，船体的重量等于其排开的水的重量，因而船身能够漂浮在水面上。

水上运输系统的方式多种多样。帆船依靠风的推力前进；水翼船的船身连有类似翅膀的结构，当船前行时有助于减小阻力使整个船身浮出水面；潜水艇在压舱箱装满水后，就能够潜入水下运行。

◇ 动力和阻力

大多数轮船上都配有水下螺旋推进器，推进器上的桨叶不断缓慢转动，推动船体前进。这套推进系统的功能非常强大，是轮船前进的动力源，而水的阻力使船速降低，构成阻

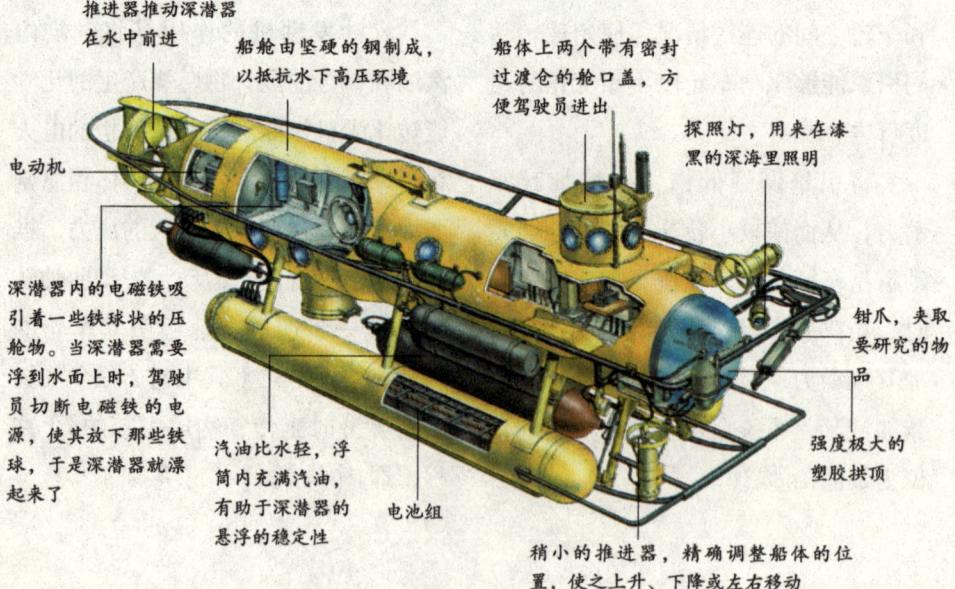

推进器推动深潜器在水中前进

船舱由坚硬的钢制成，以抵抗水下高压环境

船体上两个带有密封过渡仓的舱口盖，方便驾驶员进出

探照灯，用来在漆黑的深海里照明

电动机

深潜器内的电磁铁吸引着一些铁球状的压舱物。当深潜器需要浮到水面上时，驾驶员切断电磁铁的电源，使其放下那些铁球，于是深潜器就漂起来了

汽油比水轻，浮筒内充满汽油，有助于深潜器的悬浮的稳定性

电池组

钳爪，夹取要研究的物品

强度极大的塑胶拱顶

稍小的推进器，精确调整船体的位置，使之上升、下降或左右移动

↗ 深潜器最早出现于20世纪60~70年代，如今的深潜器体积更小，技术也更先进，但是工作原理却大致相同。

科学总动员

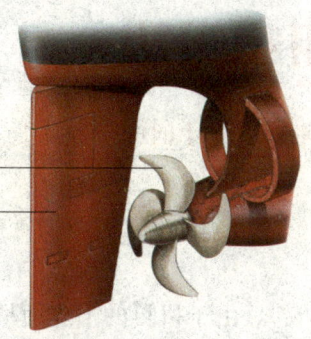

推进器上金属制的翼或螺旋桨不停地旋转，推动船体在水中前进

方向舵调控船身前进的方向

↗ 轮船上的推进系统示意图

力源。一些小汽艇上没有这种推进系统，而是在其尾部配有高速喷水装置，使汽艇能够以更快的速度前行。

◇ 轮船是如何漂浮起来的

轮船下水后，将水推向两旁，而这些水由于惯性会反冲回来，形成一种向上的冲力。推出去的水越多，反冲力就越大。船体内部是空的，使得相同体积的船体的密度要小于水，船体不断下沉直到所受的浮力与重力平衡，于是轮船就漂浮在水面上。

◇ 要到水下工作怎么办

深潜器主要用于一些深海探测工作，如海底科学研究、海洋事故调查等。水下遥控作业载具（ROVS）指一些智能仪器，操作人员通过照相机及虚拟现实系统控制这些智能仪器。深潜器能够改变自身的浮力，在水下自由升降，以便进行工作。

◇ 水上飞行器

水的阻力会减缓船速，而水翼艇则有效地解决了这一难题。水翼艇的翼片由支柱连在船身下。这些翼片不停地旋转以抬升船体，如同机翼一样。整个船体只有翼片部分浸在水下，受到的阻力很小，因而水翼艇的航行速度极快，可达90千米/小时。

◇ 帆船会向哪个方向前进

海上帆船凭借风力前行。除了直接逆风前进外，帆船几乎可以朝着任何方向前进，因为事实上并不仅仅是海风的推力使船体前进，而且还有其吸力在起作用。当风吹过帆形成的曲面时，风速加快，但是压强却下降，这样就产生一种吸力，正如飞机的机翼一样。然而，帆与船体的角度必须保持绝对精确。通常，帆船开始航行时，船员会不断地转动帆，直至它与船体的角度合适为止，接着用绳子将帆固定起来。

◼ 我的第一次探索

飞机翱翔在天边

飞机是最快的交通运输工具，它能在几个小时内完成陆上、水上交通要花几天时间才能完成的行程。

现在大多数飞机都由喷气式发动机驱动。这种发动机的功率很大，能够驱动某些军用飞机以3倍以上的音速，即3 000千米/小时的速度飞行；直升机的水平旋翼不停地转动，使机体能在空中盘旋；但并非所有的空中运输工具都需要发动机，例如热气球，它们依靠热空气上升或下降。

◇ 机翼有多重要

飞机飞行时，空气从机翼上、下表面流过，这种气流能够将机身抬起。由于机翼的上表面呈弧形，当空气流经机翼的上表面时，速度增加，压强减小，从而产生一种推进力。当空气流经机翼下表面时，速度减小，体积缩小，压力增大，从而产生一种升力。这种升力的大小取决于机翼的角度和形状，以及飞机飞行的速度。

◇ 直升机是怎么改变方向的

直升机能够垂直起飞并长时间地在空中盘旋，这些功能还要归功于其巨大的动叶片。所谓动叶片是指机身

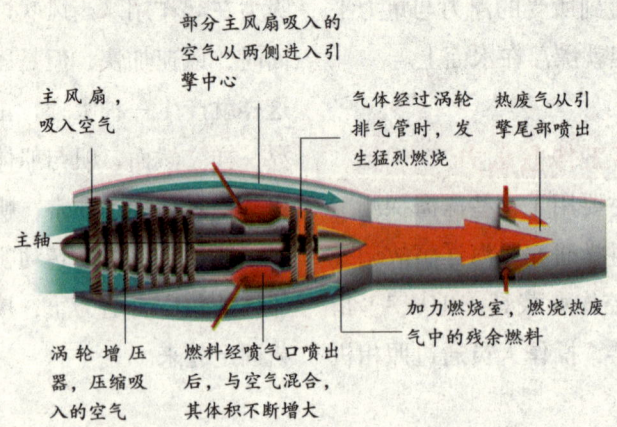

↗ 在典型的涡轮喷气飞机中，气体从发动机尾部高速喷出，速度超过1 600千米/小时。

顶部长长的、薄薄的，像机翼一样的装置，它们高速旋转，切割周围的空气，从而产生强大的升力，使机体上升。同时，动叶片也可以看做是巨大的螺旋推进器，能够改变飞机飞行时的位置，使之前进或后退。

◇ **喷气机的工作原理**

涡轮喷气机是最简单的喷气机，它们从尾部喷射出一种热气流，从而推动机体前行。这种类型的发动机主要应用于超音速客机，如协和式飞机，以及一些高速军用喷气机。大多数客机都采用具有消音功能的、成本更低的涡轮风扇式发动机。这种发动机能够综合利用热气流和多叶旋转风扇产生的气流，以较低的速度生成较大的推力。

◇ **升降热气球**

热气球主要由球囊、吊篮和加热装置组成。球囊很大，采用极轻的材料制成。由于热空气的质量和密度要小于冷空气，加热装置产生的热空气进入球囊后，使球囊不断上升，带动与之相连的加热装置、吊篮及吊篮中的乘客也向上升。当球囊中的空气渐渐变凉，热气球也会慢慢下沉。为使热气球的高度不变，气球驾驶员必须不断点燃加热装置，以保持球囊中空气的温度。

球囊的顶部都会有天窗，而球囊下驾驶员伸手够得着的地方有根绳子，绳子与天窗相连。驾驶员拉动绳子，打开天窗，使热空气从球囊中流出去，这样气球就能迅速下降了。

◇ **军用飞机**

当今，几乎所有的军用飞机都采用喷气式发动机驱动。喷气式发动机能够产生强大的推进力，因此这些飞机的机翼比那些采用螺旋桨驱动的飞机的机翼要小，飞行时受到的阻力也小。飞机的航行方向由操纵台面控制。操纵台面是指机翼、横尾翼和直尾翼上的活动翼面。

■ 我的第一次探索

"万能"计算机

不管是在家里,还是在工作单位,计算机(又称电脑)已经完全融入我们的生活。

我们可以用计算机来完成许多事情:从做家庭作业到发射宇宙飞船。在过去的几年里,计算机储存和处理数据的能力大大提高。计算机技术的不断进步导致虚拟现实技术,即人工环境的产生和发展,该技术可用于娱乐和商业。

◇ 我们看到的一切都是真的吗

虚拟现实系统(VR)将那些与真实事物极其相似的数据信号(信息)传输到我们的感觉器官,使人脑产生错觉,即认为我们所看到或感觉到的事物都是真实存在的。我们可以利用电脑或自主机器人系统勘探某些情况,如深海事故;或者编写一些程序,使其展现出特定的虚构环境,如网球比赛。当我们戴上一种特殊的头盔后,就能看到并听到电脑所模拟的一切。

◇ 软件、硬件都重要

计算机的组成结构称为硬件,而诸如键盘、显示器、鼠标、打印机、扫描仪及DVD刻录仪之类的设备没有封装在主机内,称为外围设备。

各种指令或程序指示计算机完成相应的任务,传统上称为软件。软件包是指具有特定功能的,用来完成特定任务的一个或一组程序,简单的如

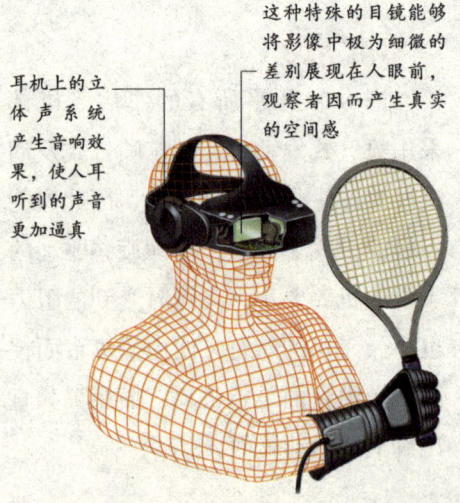

耳机上的立体声系统产生音响效果,使人耳听到的声音更加逼真

这种特殊的目镜能够将影像中极为细微的差别展现在人眼前,观察者因而产生真实的空间感

↗ 这种手套内有大量的压力和弯曲度传感器,它们感受手腕、手掌及手指处的运动状况,并将这些信息通过数据线传送到与之相连的计算机上。电脑分析这些运动信息,并判断运动员是否在正确的方向和位置上击"球"(事实上这个球是虚拟的,它仅能通过头盔上的目镜观察到)。

文档和图像扫描，复杂的如算法和特技效果等。

◇ 只有0和1的世界

电子线路仅有"开"和"关"2种状态，因而计算机采用二进制系统来存储和处理数据信息。这种系统将所有的数据转化为一串0/1编码的序列，即开/关序列。例如，十进制数5的二进制编码为0101，或关-开-关-开。序列中的每一个0或者1称为一个二进制位或"bit"，8位（bit）组成一个字节（byte），字节是数据的基本存储单元。计算机内的电子线路就是采用这种方式来储存和处理数据信息的。

喂，你好吗

通过长途通信设备，我们几乎能同世界各地的任何人谈话和交流。

电话、传真和电子邮件之类的通信工具是一对一式的，即一个发射者对应一个接收者；广播和电视节目经无线电波发送出去后，能被数以百万计的听众或观众接收，即一对多式的；而有线电视和因特网广播则综合了前两者的特征，既能以一对一的方式工作，又能以一对多的方式工作。表面看来，这些通讯方式各不相同，但是它们的工作原理却大致一样。

◇ 人类自由沟通的桥梁

所有的长途通信系统至少由3部分组成：发送器，如电话；通信连接装置，如天线或卫星；接收器（目的地），如电子邮件地址或接收方电话号码。发射方发出的信息可以通过电缆或光缆以无线电波的形式进行传输，直至到达目的地。

◇ 解读电波，还原声音

电话能够将声音转换成电信号。当我们对着话筒讲话时，声波能引起话筒内微小麦克风的振动，从而产生强度不断变化的电流。电流的强度与声强大小成正比，并经过电话线传送至接收方的听筒上。在接收方，变化的电信号触发听筒内的扩音器工作，

■ 我的第一次探索

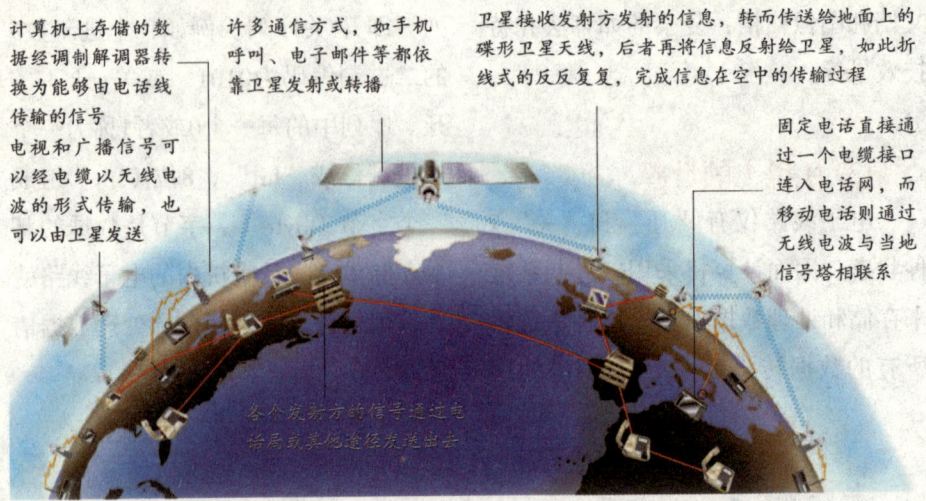

计算机上存储的数据经调制解调器转换为能够由电话线传输的信号

电视和广播信号可以经电缆以无线电波的形式传输，也可以由卫星发送

许多通信方式，如手机呼叫、电子邮件等都依靠卫星发射或转播

卫星接收发射方发射的信息，转而传送给地面上的碟形卫星天线，后者再将信息反射给卫星，如此折线式的反反复复，完成信息在空中的传输过程

固定电话直接通过一个电缆接口连入电话网，而移动电话则通过无线电波与当地信号塔相联系

各个发射方的信号通过电台局或其他途径发送出去

↗ 信号传输方式示意图

引起周围空气的振动，从而将电流还原成声波。如今，很多信号以激光脉冲的形式通过一种特殊的玻璃纤维（光缆）进行传输。当然，也有一些信号以无线电波的形式在空中传播，经卫星反射后，到达接收方。

◇ **全球都在使用移动电话**

移动电话或手机利用低功率的无线电波来发射信息。在这种移动通信系统中，全世界被划分为许多小的网络单元，每个单元内都有一个中转站，用来接收和发射信息，从而实现本单元手机与其他单元手机之间的通信。世界上的中转站非常多，分布也非常广，因而能够允许几百万人同时使用手机通信。

◇ **黑白传真**

Fax（传真）是Facsimile的缩写，其意义即为拷贝（copy）。传真机发出一束光线，按一定的顺序对文件进行扫描，文件上方有一排光敏传

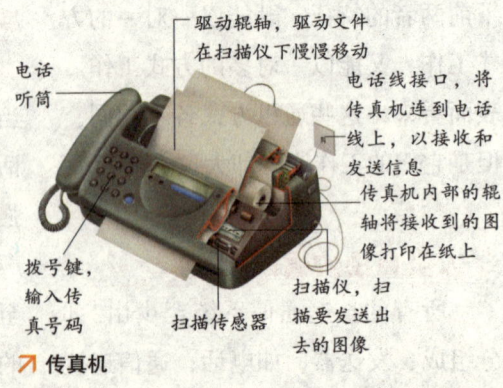

电话听筒

驱动辊轴，驱动文件在扫描仪下慢慢移动

电话线接口，将传真机连到电话线上，以接收和发送信息

传真机内部的辊轴将接收到的图像打印在纸上

拨号键，输入传真号码

扫描传感器

扫描仪，扫描要发送出去的图像

↗ 传真机

· 58 ·

感器。文件上的空白部分反射光线，相应的传感器为"开"状态；而有内容的部分颜色较暗，呈黑色，不反射光线，相应的传感器为"关"状态。这样就产生了一系列的开/关信息（电信号），并传输至接收方。接收方传真机利用热敏传感器收取传输过来的电信号，并在热敏纸上还原出原文件。较为先进的传真机接收方利用静电将调色粉末吸附在纸上，因而可以直接使用普通白纸。

◇ 来，写一封电子邮件

电子邮件，或称为E-mail，是当今一种快捷而方便的通信方式。发信人只需在电脑或者是某些移动电话上"键"下信件内容，将它发送至另一个E-mail地址即可。电子邮件经调制解调器转换后，通过网线传送到因特网服务提供商（ISP）的中央电脑上。邮件信息就存储在那里，直到收信人在任何一台电脑上登陆，并打开邮箱查看信件为止。

超级视觉

人类大约从17世纪起就开始使用显微镜和望远镜了：人们用显微镜将那些肉眼不可见的物体放大，以便肉眼观察；而用望远镜来放大那些因距离过远而显得微小或肉眼很难识别的物体。

人类利用照相机来准确记录环境信息也有160多年的历史了。现今，各种成像技术都得到了极大的发展：我们用显微镜来观察一些极小的微生物甚至原子，并能够得到质量很好的图像；而用望远镜则能观察到宇宙中遥远的星系；照相机拍到的照片的质量也比以前好多了。数字技术的迅速发展，使得我们可以将图片信息扫描到电脑里，并对其做增强处理，甚至即刻通过电子邮件发送到世界各地。

◇ 圆形透镜

玻璃透镜可以制成不同的形状，以不同的方式折射光线。有些透镜是圆盘状的——中间薄，边缘圆且厚，称为凹透镜。当光线经过这类透镜时会向外弯曲，因此光线发散。这就是

◼ 我的第一次探索 ◆◆◆◆◆

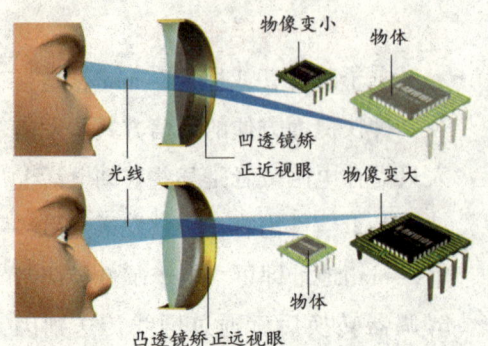

说，当我们透过凹透镜看物体时，看到的物像要比实际物体小。还有一些透镜的表面向外突出——中间厚，边缘薄，称为凸透镜。当光线经过这类透镜时会向内弯曲，因此光线会聚。这就是说，当我们透过这类透镜看物体时，看到的物像要比实际物体大。光线经过凸透镜后产生的会聚点称为焦点。

◇ 照相原理

相机内的透镜是一种玻璃或塑料质的圆盘，它几乎能聚集景物反射的所有光线，并在相机内形成一个小小的影像。对于大多数相机而言，光线经光圈进入相机后，投影到胶卷上，胶卷的表面有一层光敏感物质颗粒，它们依据入射光的强度产生不同的反应，形成与景物相关的像。相机内有一个平面镜，它将景物反射来的光线

向上反射至一个棱镜上，后者再将光线反射到目镜，这样摄影者就能透过相机看到景物了。拍照时，平面镜的位置发生改变，本来被它遮挡着的胶卷显露了出来，接收瞬间的光照，即曝光。

◇ 望远镜能望多远

望远镜将远处物体反射来的光线聚集到一小块面积上，再将聚焦后的影像放大，这样观察者就可以轻而易举地看清远处的物体了。折射式望远镜中有2个透镜：较大的是物镜，远处物体反射的光线经过它时，光程弯曲并聚集到一处，形成一个较小的影像；较小的是目镜，它将这种影像放大，以便观察者观察。反射式望远镜中有一个凹面镜和一个平面镜，凹面镜将远处物体反射来的光线聚集到

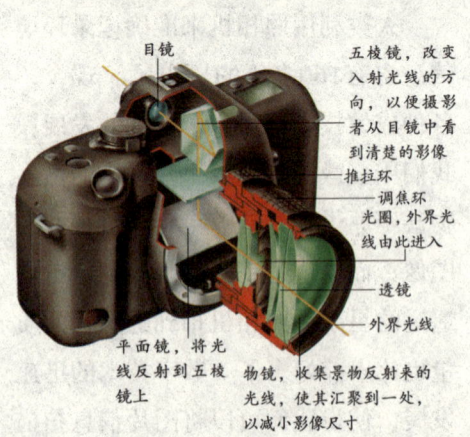

平面镜上,而后者再将这些光线反射入目镜。当今,天文学家利用功能强大的天文望远镜来观察几十亿光年之外的星系,天文望远镜中的透镜能够收集来自这些星系的微弱光线,并将其传输到电脑上,随后科学家们采取一些特殊技术对这些图像进行增强处理,以利于分析。

◇ **将小虫子放大100万倍**

电子显微镜的原理不同于光学显微镜,它们的功能强大得多。光学显微镜利用棱镜放大物体反射来的光线,电子显微镜则采用电子束照明——在样本(被观察的物体)上发出电子流,并通过监视器将结果(即产生的样本影像)显示出来。透射电子显微镜(TEM)使用的样本切片非常薄,其厚度通常小于0.01毫米,因

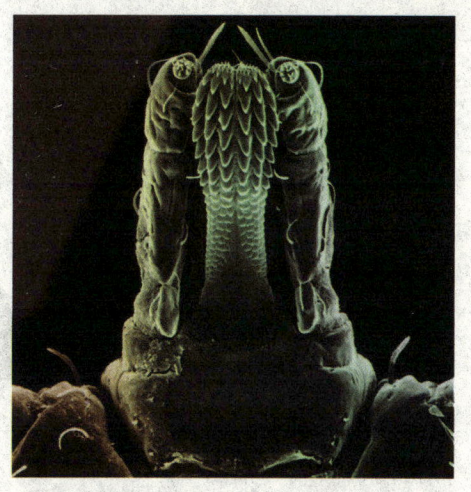

↗ 扫描电子显微镜(SEM)从臭虫身体表面扫过,得到一幅非常清晰、详尽的臭虫体表影像。

而电子可以穿过这些切片,在样本的另一边投下影像,并为影像下的检测器所接受。观察过程中,技术人员通常会加入一些化学物质,以部分阻断电子流,使得出的影像更加立体、突出。透射电子显微镜最多能将样本放大100万倍。

留住声音和影像

将声音和影像保存起来,我们就能一遍又一遍地重温过去的时光啦。

电视机将世界各地的图片和声音实时传送到我们家中,这样我们不出家门就能知道并观看世界上正在发生的一些事情,如体育比赛等。不仅如此,我们也可以利用个人便携式摄像机来记录自己的活动情况。我们将这些记录信息保存在录像磁带或磁盘上,以备以后观看;而其他一些记

■ 我的第一次探索

录信息，如音乐和电影，则保存在CD或DVD上，以后可以反复播放。

◇ **便携式摄像机**

数字便携式摄像机上有一个透镜，它将外界景物投影到摄像机内，形成一幅图片，而那些微小的光敏感单元，或称之为像素，则将所成的图片信息保存起来。图片上的亮色区域反射强光，相应的像素单元产生一个短暂的微弱电脉冲；而图片上的暗色区域几乎不反射光线，相应的像素单元不发生反应。图片不断发生变化，像素单元便产生一系列的电脉冲。这些电脉冲被保存在摄像机的存储器中，以便于稍后重放；或者即刻传输给摄像机看片器或电视机显示屏，以便不失真地将摄影信息播放出来。

图注：激光束从DVD表面反弹回来；旋转发动机和盘形齿轮；滑行器，携带着激光单元扫遍整个DVD盘面；旋转的光盘；棱镜，聚焦激光束；激光；传感器，探测反射光束；棱镜，使激光束弯曲

➤ DVD和CD的工作方式大致相同，但是CD的数据存储量仅为DVD的1/7。

◇ **显像管和电视机**

较为古老的电视机的显示屏实际上是显像管的终端，仿佛一只大灯泡的末端，稍稍向外凸出。屏的内表面附着着许多荧光颗粒，当这些颗粒遇热时，会发出一点一点闪闪的光亮。电视机内显像管的尾部有3个电子枪，它们不断地发射电子流，撞击到屏幕上，对屏幕加热，荧光点发光，从而产生图像。我们从电视里看到的那些图像实际上由成千上万个闪烁的荧光点组成。电视天线接收到的广播信号或其他记录信息控制着电子流撞击屏幕的位置，因而能够产生特定的图像。

◇ **DVD上的小沟沟**

数字化视频光盘，又称为DVD，它能够有效地存储所有格式的数据信息，如音乐、电影以及计算机游戏

等。DVD的盘面主要由塑胶制成，外表面涂上一层丙烯酸，再喷上铝即可。当DVD存储数据时，刻录机以特定的方式在相对平坦的光盘表面螺旋式地由内而外刻下一圈又一圈的小沟。而当DVD播放时，读盘器发出激光，扫描圆盘的下表面，通过激光的反射读出其中存储的信息：当扫描光线读到相对平坦的区域（"平地"或"凹坑"内部）时，记做数字"1"；而读到凸凹变化处时，记做数字"0"。

你我的大众媒体时代

> 媒体多种多样，但它们的主要作用都是与广大人群进行交流，向人们提供一些娱乐、实时新闻或是广告信息。人们最熟悉的媒体当属广播、电视、报纸、杂志、电影及互联网等。

印刷机的出现，使得各种信息以纸张的形式传播，从而大大增加了信息的影响范围和传播速度。计算机综合了不同媒体传播方式的特点，形成所谓的"多媒体"，进而产生了计算机游戏、光盘与光驱、交互式电视以及电脑仿真电影等技术，较之以往的同类技术更为生动、逼真。

◇ 鼎盛一时的广播媒体

通过无线电波或通过导线向广大地区播送音响、图像节目的传播媒介，统称为广播。只播送声音的，称为声音广播；播送图像和声音的，称为电视广播。广播媒体的内容播出顺序被称为档期。电视和电台广播节目都是通过广播频道传播的。有线电视节目通常会和电视、电台同时播出，但是受众更窄。

◇ 电影，不可缺少的精神食粮

电影既可指某一单一动态图像作品，也可以指整个领域。电影是由录制人员创作，使用摄像机记录的，或者是使用动画技巧或特殊效果创作出的。自从电影诞生以来，他所记录的政治文化经济军事等方面的历史演绎，令各行各业的喜爱人士所津津乐

■ 我的第一次探索

道。一些著名的电影工作者，凭着他们高超的想象力，以及高科技的拍摄特技运用，实现了对未来丰富的想象，丰富了大众的精神世界。

◇ 博客、微博和微信

随着互联网的快速发展，网络媒体发展迅速。博客是最先流行的一种。博客一般是由个人维护的网站，其中内容主要是评论、时间描述或者一些如图片、视频等互动媒体。博客中的文章往往按照时间先后逆向排序，最新撰写的博文会出现在最上面。许多博客提供有关某一特定话题的评论或欣赏；其他功能主要是个人在线日记。

微博是微型博客的简称，即一句话博客，是一种通过关注机制分享简短实时信息的广播式的社交网络平台，是基于用户关系信息分享、传播以及获取的平台。用户以140字（包括标点符号）的文字更新信息，并实现即时分享。它作为一种分享和交流平台，其更注重时效性和随意性。因微博还诞生出微小说、微电影等新的传媒方式。

微信是也是一种新媒体，它提供公众平台、朋友圈、消息推送等功能，用户可以通过"摇一摇"、"搜索号码"、"附近的人"、扫二维码方式添加好友和关注公众平台，同时微信将内容分享给好友以及将用户看到的精彩内容分享到微信朋友圈，从而达到信息传播的目的。

能源，改变生活

几千年来，人们一直在寻求各种方法将自然资源转换为人类可以利用的能源，以改进自身的生活。

大约在2 000多年前，古希腊人和古罗马人开始利用水磨碾磨谷物和橄榄。蒸汽机和将热能转化为电能的技术发明，改变了整个工业界。如今，煤、石油等燃烧不仅是发电站主要的发电方式，也是大多数交通运输工具的能量来源。但是，这些能源总有一天会被人类消耗完，因此，我们

科学总动员

↗ 詹姆斯·瓦特通过使用齿轮传动装置和连杆，使蒸汽机上的活塞能像车轮一样运动。

要将目光投向那些自然能量，例如太阳能、风能和水能等。

◇ 蒸汽机的三次改良

1698年，英国人托马斯·萨维瑞发明了世界上第一台蒸汽机，用于从煤矿中抽出积水。这种蒸汽机冷却热的蒸汽，使其凝结成水，从而使原蒸汽占据的空间几乎变成了真空。由于内外气压差，煤矿中的积水就被吸了出来。1712年，英国人托马斯·纽科门对萨维瑞的蒸汽机作了改进：蒸汽和真空的交替出现带动活塞做上下往复运动，从而驱动水泵工作。1765年，詹姆斯·瓦特又对纽科门的蒸汽机作了改进：他在之前的蒸汽机上加了一个箱子，用于冷却和压缩热蒸汽，将其转变为液态水。这样，当蒸汽机工作时，引擎不会总被加热和冷却。

◇ 汽 灯

1792年，英国人威廉·默多克发明了一套照明系统。他在一段封闭管道中加热煤，将产生的煤气通过管道输送到各个家庭，并被用来点燃和照明。随后，他又开发了一套能够产生和储存气体的系统。19世纪时，许多城市都用煤气来照明和取暖。1885年，奥地利人卡尔·奥尔发明了汽灯罩：这是一种网状的碳化棉线，加热时会发出明亮的光芒，多用做路灯。

◇ 修建水坝

大约在5 000年前，古埃及人用泥土和石头修建了一座横跨格莱里峡谷的大坝，这是我们迄今为止能够考察到的最古老的水坝。19世纪50年代前后，法国科学家弗朗索瓦·左拉发明了现代拱坝。拱坝的形状很特别，能够抵抗住水流产生的强大推力。对于重力坝而言，因为它采用质量极大的建筑材料修建而成，所以能够有效地阻断水流。

◇ 太阳能电池

地球接收着大量的太阳辐射。光电池（太阳能电池）可以收集这些辐射，并将其转化为电能。1954年，

▎我的第一次探索 ●●●●

美国科学家皮尔逊、恰宾以及福勒发明了一种由微小的太阳能电池构成的太阳能电池组，从而开辟了光电池的工业化生产之路。太阳能既安全又环保，不会产生任何形式的污染。

◇ 采 油

大约在2 000年前，中国人开始用竹子和青铜管道钻探地下的石油。1844年，英国人罗伯特·波特发明了采用蒸汽引擎的旋转钻机。钻机的采油部分是一段中空的钢管，钢管的一端安装着钻头，工作时，水从钢管内冲下去，而岩石（包括石油）就被提了上来。

◇ 电灯泡

大约在1879年，美国科学家托马斯·爱迪生和约瑟夫·斯旺发明了

↗ 1882年，托马斯·爱迪生的工厂生产了10万只电灯泡。到1900年为止，仅美国的电灯泡需求量就超过4 500万只。

电灯泡。灯泡内几乎真空，气密性良好，因而使用寿命大大增加。灯丝是一圈薄薄的、彼此缠绕的导线，位于电灯泡内部，当有电流通过时，灯丝温度急剧升高，发出明亮的光芒。灯丝由金属钨制成，钨的熔点极高，即使在高温状态下灯丝也不会熔化。

从电子管到硅片

> 收音机、电视机和电脑等电子设备，可以将电信号转化为声音或图像，以便受众收听或收看。这些设备内部的基本组成部分都是一些电子元件，控制着流经电路的电流，使其完成特定的任务。

早期的收音机和电视机利用电子管转换微弱的电信号，电子管的体积

庞大，耗电量很多。20世纪40年代，美国科学家发明了晶体管。晶体管的工作原理与电子管类似，但是体积更小，工作效率也更高。到了20世纪60年代，人们已能将晶体管和其他电子元件集成在一块边长为5毫米的硅片上。如今，微芯片控制着电脑和其他许多电子设备的工作过程。

◇ **第一台计算器：差分机和分析机**

1823年，英国数学家查尔斯·巴比奇发明了世界上第一台计算机器，即"差分机"。事实证明，差分机的结构太复杂了，以至于几乎无法完整地制造出来。因此，1834年，巴比奇开始设计"分析机"：通过穿孔卡片将数据输送至机器内，随后再打印出

↗ 机器内部有一个存储器，至多能够存放100个40位的数字；一个中央处理器，用于计算数据。

结果。没有人能将这台分析机完完整整地制造出来，因为它差不多和一辆小火车头一般大小。但是，巴比奇的想法启发了后来的科学家，促使他们去发明第一台计算机。

◇ **电视机**

1897年，德国物理学家卡尔·布朗发明了阴极射线管，它是早期电视机的主要工作部分。电视屏幕的内表面覆有一层特殊的荧光点，射线管射出的电子流撞击到屏幕上，使荧光点发光，从而产生可见的图像。1926年，约翰·贝尔德发明了世界上第一台电视机。彩色电视机内有3束电子流，即红色、绿色和蓝色电子流。电子流使显示屏上的荧光点发光，3种颜色的荧光彼此混合，形成一幅全彩影像。

◇ **信息跨越大西洋**

1895年，意大利发明家古列尔莫·马可尼侯爵成功地实现了信号的无导线传输，这种技术在当时世界上前所未有。马可尼发现，当一段通电环路以每秒几千次的频率改变电流方向时，就能产生一种肉眼不可见的无线电波。1901年，马可尼利用这种技术，将一组无线电信息由英国横跨大

◆ 我的第一次探索

西洋传输到了美国。1906年，人们第一次收听到了广播。如今，移动电话也以无线电波的形式传输信息。

◇ 电脑游戏

1972年，美国计算机程序员诺兰·布什内尔成功开发出了世界上第一套电脑游戏，并将它取名为"Pong"，它是一种桌球游戏。一般来说，电脑游戏存储在电脑内部硅片的存储器上，并由中央处理器（CPU）发送控制命令。那些玩游戏的人通过用户控制界面，如键盘来控制游戏的进程。所有电脑游戏的控制台都采用一种能与电视兼容的视频信号。

◇ 智能电脑

1975年，美国澳汰尔公司（Altair）生产出了世界上第一台家用电脑，随后，苹果电脑公司于1984年推出了麦金托什（Macintosh）系列微机。20世纪40年代，当人们发明出计算机时，其体积之大，足可以占据整个房间。1946年出产的电子数字积分计算

↗ 这款游戏叫做"猿人"。它由图像处理器提供文本信息、界面颜色及其他功能，而由一种特殊芯片处理声音信号。

机（ENIAC）内导线长达805千米，每秒钟执行任务10万次，重达30吨。自从1948年晶体管（一种检测电流的电子开关）问世和1957年集成电路发明之后，计算机的体积越来越小。最新的iMacs电脑采用液晶显示屏。

◇ 动画电影

动画电影通过快速放映一系列的静态卡通或木偶图片，能使观众产生动画的感觉。20世纪初，世界上出现了第一种动画电影。制片人首先将卡通形象画在透明的胶带上，再将它们投影到固定的背景上。

科学家和他们的科学

KEXUEJIA HE TAMEN DE KEXUE

我的第一次探索

伟大的古希腊人

> 许多远古人类都研究过自然界的奥秘，但是科学真正的发源地却是在公元前2 500年左右的古希腊。

古希腊的思想家最早开始用逻辑的眼光看待这个世界，他们通过理由充分的论据来解释自然现象的发生原理，而不是去寻找一些神秘的精神支配的力量。一些伟大的思想家，例如柏拉图、亚里士多德、苏格拉底、欧几里得、阿基米德等都对他们周围的世界做过细致的观察，并提出一些深刻的见解。他们的研究领域包括自然力量、数学、事物的本质和人体的工作方式等，这些研究奠定了现代科学的基础。

↗ 古希腊的某些学者，例如柏拉图和亚里士多德，经常聚在一起阐述不同的见解，由此引发了所谓的"智慧辩论"。

◇ 住在雅典城的"哲学家"

古希腊人把那些杰出的思想家和学者称做"哲学家"，意指受智慧之神青睐的人。这与现在我们对哲学的定义不同，现今我们认为哲学是指以人类生存为研究对象的思想和理论。古希腊的哲学家往往居住在古雅典城并从事研究工作，其研究对象包罗万象，甚至包括科学和数学。为了赞颂智慧与艺术女神缪斯，人们在古埃及北部的亚历山大城建了一座神庙，神庙内有一座非常著名的图书馆，其中云集着来自世界各地，特别是希腊语国家的众多学者。

◇ 了不起的阿基米德

阿基米德（公元前287~前212年），古希腊科学家，居住在西西里（后来被希腊统治）的锡拉库扎城。他是世界上第一位将数学引入自然科学的人，发现了高效杠杆及其他一些

科学总动员

↗ 阿基米德洗澡时发现：他的身体越往澡盆下沉，澡盆中的液面就越往上升。他兴奋地一下子从澡盆中跳出来，光着身子冲到大街上，一边跑一边大叫："Eureka!"，希腊语意为"我找到了！"。后来，经过不断总结和概括，他提出了著名的浮力定律。

机械的工作原理，同时他也是阿基米德螺旋泵的发明者。阿基米德螺旋泵是一种泵水设备，现今仍为某些国家和地区使用，它是阿基米德一生中最伟大的发明之一。此外，阿基米德还提出了著名的浮力定律，认为物体之所以会漂浮在水面上，是因为它们受到水的浮力作用的结果。

◇ "希波克拉底宣言"

希波克拉底（公元前460~前379年），古希腊的名医，世称"医学之父"。在他生活的那个时代，人们普遍认为疾病是由邪恶的灵魂或巫术引起的。希波克拉底则认为，疾病是由自身原因，例如饮食过差或环境中的脏物等引起的。现今，刚开始行医的医生必须宣读誓言，承诺向病人提供最好的服务，这实际上是"希波克拉底誓言"的改进版。

◇ 古希腊时代最博学的人

亚里士多德（公元前384~前322年），古希腊著名思想家，研究范围广泛，涉及自然科学、哲学等方方面面。亚里士多德求学于雅典柏拉图学院期间，协助开创了对动植物进行研究的学科，即动物学和植物学。他确立了一套基本的科学研究途径，认为科学家首先应该对实验对象进行仔细观察，记录下观察到的现象，并对观察结果进行分类，最后运用逻辑辩证法来解释这些现象和结果。他在雅典创办了吕克昂学府，并执教了12年。亚里士多德之后的2 000多年里，他的许多观点仍是欧洲大学教育的必修之课。

↗ 亚里士多德接受恩培多克勒的四元素（土、气、火、水）物质论学说，并对其加以改进，使其更加完善、更有逻辑性。

■ 我的第一次探索 ●●●●

◇ 欧几里得和他的几何系统

尽管古埃及人全面掌握了有关角度和三角形的数学知识，并修建出举世闻名的金字塔，但古希腊人却实实在在地创立了世界上第一套几何系统，即有关线段和它们之间交角的研究。欧几里得（公元前330~前275年），古希腊著名数学家，定居于埃及北部城市亚历山大。他撰写了《几何原本》，书中详细地分析和介绍了几何原理。这在整个数学发展史上意义极其深远。即使是在今天，数学家们仍将平面几何（点、线、面、体）称为欧几里得几何。

人体解剖师

文艺复兴时期的医学，主要在人体解剖学方面建立了基础，这是一个划时代的突破。

克劳迪亚斯·盖伦（130~200年），古希腊著名医师，他通过对动物用药状况的研究，佐证药物对于人体的作用，并据此记下了一些手稿。在随后的1 500年里，盖伦的理论在整个医学界占据着统治地位，医生都是根据这些手稿给病人开药。直到15、16世纪，某些医师如安德里亚·维萨里和艺术家如达·芬奇等开始解剖人的尸体，研究人体内部构造，从而打破了盖伦思想的统治地位。维萨里教授所在的意大利帕多瓦大学最先开始人体解剖。随后，这种人体研究方法迅速传到欧洲的大多数国家和地区，而后来的威廉·哈维和马尔切罗·马尔皮基对其作出了伟大的创新。

◇ 划时代巨著——《人体结构》

安德里亚斯·维萨里（1514~1564年），佛兰德斯著名医师，他首创对人体结构，即人体组成部分的系统学习与研究。维萨里在意大利帕多瓦大学讲授外科学的同时，发现盖伦所著的解剖学书仅以动物解剖为基础，不能准确地反映人体状况。因此，尽管之前已经有很多人解剖过人体，维萨里仍坚持亲自动手解剖人体。维萨里工作时,他的解剖台前常常围着一大群学生。后来,他将自己的发现写成了一本书——《人体结构》,这是世界上第一本人体解剖学书籍,书中的图解由佛兰德斯艺术家杰·凡·卡尔克绘制。

★ 当威廉·哈维提出血液循环论时,许多人都以为他疯了。而当哈维切切实实地证明了举重者静脉血管中的血流情况时,卡斯帕·霍夫曼医生(1572~1648年)不屑地说:"没错,我亲眼看到了,但我还是不相信!"

◇ 达·芬奇"为画解剖"

随着人体解剖图的准确性不断提高,我们对人体解剖的认识也越来越多。意大利艺术家达·芬奇(1452~1519年)是世界上第一批优秀的人体解剖学画家之一。达·芬奇多才多艺,对科学的发展作出了极大的贡献。通过人体解剖,达·芬奇绘制出精确的人体结构图,并解释了人体的肌肉、骨骼协调工作的原理,以及婴儿如何在母体子宫内生长、发育。

通过人体解剖图,医师们能够随时记录下解剖的每一个过程,并将这些结果传递给学生及其他的研究人员。

◇ 心脏像个水泵

英国医师威廉·哈维(1578~1657年)是世界上第一位阐明心脏泵血功能的人。之前的医师虽然也知道血液在人体内循环流动,但是他们认为血液的流动和潮水一样,在体内后浪推前浪似地前进。哈维认为血管内有一种瓣膜,它们只允许血液在体内向一个方向连续流动:从心脏出发,经分支动脉流遍全身,最后从静脉流回心脏。但是,哈维并没有发现血液是怎样从动脉血管流到静脉血管中的。

↗ 达·芬奇也解剖过尸体,以研究人体内部器官的工作情况。因此,他的人体图最大的特点就是精确。

◇ 发现了血液循环的秘密

1661年,意大利著名医师马尔切罗·马尔皮基(1628~1694年)发

■ 我的第一次探索 ●●●●●

现了动、静脉之间的连接通路。那时候显微镜才刚刚发明出来，马尔皮基率先将它用于解剖学研究。透过显微镜，马尔皮基惊讶地发现，在动、静脉之间还有一种极为细小的血管连接，这种小血管后来被称为毛细血管，它们非常纤细，以至于肉眼根本无法看到。同时，马尔皮基也用显微镜研究过一些人体器官，例如肺、肾脏、大脑和皮肤。

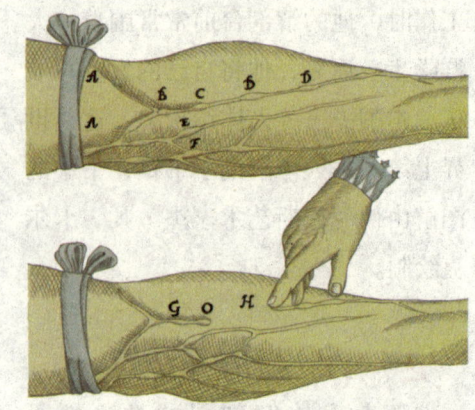

↗ 哈维将人体内的动、静脉分别加上标记，以解释血液的循环流动过程。

看星星的人

> 天文学是最古老的自然科学之一，其起源可以追溯到远古时代的猎人，他们仰望着星空，计算哪一个夜晚的月亮最圆，最利于打猎。后来，当人类定居下来，从事农业耕种后，人们又利用天文现象判断季节的开始与结束。

在古埃及有一些著名的学者，例如4 500年前设计出第一座金字塔的伊姆霍特普，因其丰富的天文学知识而闻名于世。因此到古希腊天文学家喜帕恰斯开始研究星空时，天文学已发展成一门古老的学科。

◇ 2 000多年前的伟大发现

喜帕恰斯（公元前2世纪），古希腊著名的天文学家，居住在罗得斯城。他对于星空的精确观察奠定了之后2 000多年天文学发展的基础。凭着肉眼以及一些自己发明的天文工具，喜帕恰斯绘制出天空中肉眼能够看到的所有星星的位置图，并利用这张图估算出1年的时间长度，误差小于7分钟。同时，他还定义了星等（亮度等级，每颗星星的明亮程度）。他将最明亮的星星——天狼星的亮度等级定义为1级，而将肉眼能够看到的最昏暗的星星的亮度等级定义为6级。直到现在，天文学家仍在使用这套星体亮度系统。

◇ **一个错误纠正了100年**

16世纪以前，大多数人都认为地球是宇宙的中心，其他一切天体，如月亮、太阳、行星等都是围绕着地球运转的。但是波兰天文学家尼古拉斯·哥白尼（1473~1543年）认为某些行星偶然的逆转性运动并不能证明地球就是宇宙的中心。根据长期的观察，哥白尼提出了一个具有革命性的新观点：是太阳，而非地球，是宇宙的中心。这个观点太让人震惊了，以至于直到100多年后，才逐渐为人们所接受。

◇ **遥望宇宙**

100多年前，人们都还以为宇宙只比银河系大一点点。1920年，美国天文学家埃德温·哈勃开始研究仙女座星系。天文学家曾经一直以为所谓的仙女座星系其实就是一团气状的物质即星云。但是，通过一架在当时来说非常先进的望远镜，哈勃惊讶地发现，原来它与银河系一样，也布满了星星。随后，天文学家陆续发现了许多其他的星系，渐渐地，人们开始意识到宇宙是巨大的。1927年，哈勃有了另一个惊人的发现——所有的星系都在远离我们而去，也就是说，宇宙实际上一直都在膨胀、变大。

↗ 喜帕恰斯不仅绘制出天空中850多颗星星的位置图，而且发明了三角法。三角法用于计算三角形各边的长度和内角的度数。

我的第一次探索

三位伟人

直到17世纪时，人类对于自然界的很多认识都还带有迷信的色彩。后来，历史上相继出现了3位最伟大的科学家，彻底改变了人们对周围世界的认识。

历史上有3位伟大的人物影响了全人类的世界观、物质观，他们是：意大利天文学家伽利略——奠定了物质运动观的基础；英国物理学家艾萨克·牛顿——指出所有物体的运动都遵从三大运动定律，并提出了万有引力定律；荷兰人克里斯蒂安·惠更斯——认为光以波的形式传播。

◇ 天才牛顿

艾萨克·牛顿（1642~1727年），出生于英国，世界上最伟大的科学家之一。牛顿一生最杰出的贡献在于提出了万有引力定律和三大运动定律，并在他的著作《自然哲学的数学原理》（1687年出版）中对其作了详细的介绍。此外，牛顿还有许多重要的发现，例如指出白光实际上是所有有色光的混合色。他发现当白光透过一个三棱镜（楔形玻璃）后，就会分解为一系列的七色光谱。同时，牛顿还发明了镜面望远镜，能够有效防止图片边缘的彩色效应。

◇ 苹果不能"掉"上天

牛顿之前，没有人知道为什么抛出去的物体最后会落到地面上，或者

↗ 苹果树下的牛顿

为什么行星会绕着太阳转。牛顿说,有一天他站在果树下,突然一个苹果从树上掉下来,落在他的附近,他就想,为什么苹果会落在地上呢?苹果的下落绝不是一个简单的过程,而是受到一种看不见的牵引力的作用。经过长期的研究,牛顿终于发现了万有引力。万有引力普遍存在,它总是试图将物体聚集到一起。

◇ "它一直在运动!"

伽利略(1564~1642年)指出,如果不施加外力,物体的运动状态将永远不会改变:运动着的不会静止下来,或是改变运动速度,而静止着的也不会突然运动起来。他还发现,如果一个物体正在加速运动,那么其速度增加的快慢程度取决于施加外力的大小。伽利略利用当时最新发明的望远镜观察太空,发现木星周围有4个像月亮一样的卫星在绕着它转动,而金星的运动相位和月亮一样。他的发现为哥白尼的学说提供了证据:地球并不是宇宙的中心,它一直在围绕着太阳转动。

◇ 光是一种波!

克里斯蒂安·惠更斯(1629~1695年)是近代最伟大的科学先驱之一,出生于一个富裕的荷兰家庭,他对伽利略的发现,即用一个摆动的铅锤,或钟摆控制钟的走时加以改进,制作出了世界上第一座时间精确的摆钟。同伽利略一样,惠更斯也用自己制作的望远镜观察黑暗的

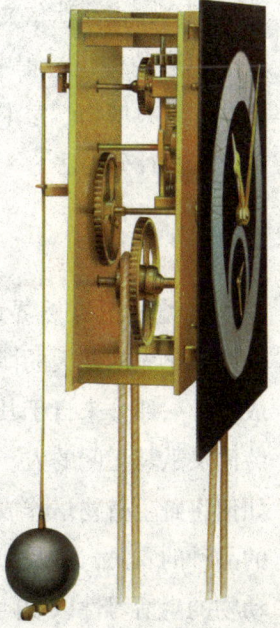

↗ 惠更斯发明了摆钟,使时间的测量变得非常准确。

↗ 据说,天主教会听说了伽利略的学说后,感到极度惊恐,他们用严刑威胁伽利略,强迫他否认自己的学说,而伽利略则不停地咕哝着:"它一直在运动。"

■ 我的第一次探索 ●●●●●

星空,并发现土星边缘模糊的云状物质实际上是土星光环。或许惠更斯最杰出的贡献在于光波理论的提出:他认为光是以波的形式存在的,像波浪一样传播,就像把一块石头丢到水里激起的水波一样。

我们活在进化的世界

我们习惯性地将世界上现存的一切视为理所当然,但是我们不会想到,如果我们的祖先看到今天的一切,他们一定会惊讶得昏厥过去。

大约在350年前,荷兰科学家安东·凡·列文虎克发现,世界上充斥着各种各样微小的肉眼不可见的生命形式。大约在200年前,博物学家发现,一切现存的有机生命物种都不会一成不变,正如达尔文所说的,它们处于不断的进化过程中。大约在250年前,瑞典博物学家卡罗卢斯·林奈创立了物种分类法。

◇ 晚来的生物学

人类对于自然界的认知,一部分来自于先前伟大的博物学家的研究成果,一部分来自于其他许许多多勤劳而又默默无闻的人。例如早期懂得如何将野生植物培养成人类能够利用的品种的农民,以及那些仔细研究过动物的生活习性以便随时将它们捕获的猎人。然而直到18、19世纪,自然科学的2个并列分支——动物学和植物学,才开始发展。那时候的博物学家、相关专家以及业余爱好者开始对动植物进行系统的研究,而不是纯粹地从个人兴趣、爱好出发。他们中有些人就近研究自己身边的野生动植物;而其他一些人,例如查尔斯·达尔文等则周游世界,带回那些罕见的

▶ 大约在200万年前,远古人类将从石头上剥下的薄片制成边缘尖利的工具,用来捕获、分割大型动物,以供食用。

物种进行详细的研究。

◇ **列文虎克开启的"微观世界"**

在显微镜出现之前，人们从没有想过世界上会有独立的肉眼不可见的生命形式存在。17世纪70年代左右，荷兰科学家安东·凡·列文虎克（1632~1723年）开始对显微镜下的视野着迷。随后的50多年里，他利用自制的单透镜显微镜观察水中的微生物——从原生动物到细菌，并将这些统称为"微生物"。1665年，英国科学家罗伯特·胡克（1635~1703年）发明了一种新型显微镜，用以观察微小的植物。

◇ **给动植物起个名**

在瑞典植物学家卡罗卢斯·林奈（1707~1778年）之前，不同动植物之间的分类非常混乱。林奈创立了一套对动植物进行分类和命名的系统——"双名制命名法"，即用2个拉丁单词构成生物某一物种的名称。第一个词表示具有共同特性的物种种群，即属名；第二个词表示植物自身的名称，即种名。这样，每种动植物都有自己的名字，并且在名单上有自己的位置。

◇ **《物种起源》挑战《圣经》**

直到1837年，生物学家们才逐渐意识到许多已经灭绝的物种，例如恐龙等，都曾经在地球上生存过。英国生物学家查尔斯·达尔文（1809~1882年）在随着"猎兔犬"号皇家海军舰船环游世界，对各地的动植物进行考察之后，提出了著名的"物竞天择"理论。他认为所有的物种在出现时只有微小的差别，其中那些具有相对优势的，例如能与周围的环境相适应的物种，更容易存活，并将这些优势遗传给下一代。达尔文指出，这些优势群体会存活下来并继续进化，而那些劣势群体将逐渐灭绝。1859年，达尔文将他的理论发现写成了一本书，即《物种起源》。这本书出版之后，立即引起全社会的骚动，因为它与《圣经》上记载的人类的起源相抵触。

↗ 达尔文像

■ 我的第一次探索

拯救世人的医学家

一开始，人类并不知道什么是疾病，也不知道身体不健康是怎么回事，因此当他们生病时根本无法治疗，许多人就这样病死了。那时人们的平均寿命比现在的要短得多。

11世纪时，波斯医生阿维森纳编写了《医典》，这本书成为随后几个世纪阿拉伯国家通用的医学教材。18世纪后期，英国医生爱德华·詹纳发现通过接种疫苗（一种小剂量的无伤害力的病菌样本），能够预防某些疾病。19世纪60年代，巴斯德发现细菌是疾病产生的根源，这是医学史上一项重大的发现，为药物的发明打开了大门。

◇ 杀死空气中的细菌！

令英国外科医生约瑟夫·利斯特

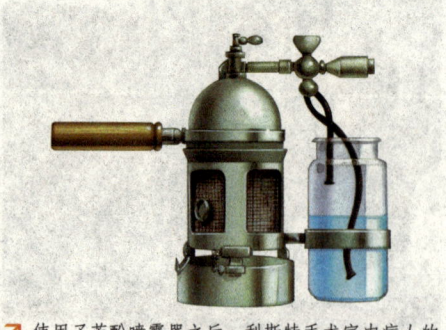

↗ 使用了苯酚喷雾器之后，利斯特手术室内病人的死亡率从50%降到了5%。

（1827~1912年）遗憾的是，许多病人因为术后消毒措施不完善而感染致死。后来他在阅读了巴斯德关于细菌可以在空气中产生的文献后，制造出一种苯酚喷雾器。它能在手术室内喷出苯酚薄雾，杀死空气中的细菌，从而有效降低了病人受感染的概率。

◇ 微生物与疾病

法国科学家路易斯·巴斯德（1822~1895年）发现，久置的液体之所以会变酸，是因为液体内有一些微生物。后来，他又发现通过加热能将这些微生物杀死，这个过程就是所谓的"巴斯德消毒法"，即将一种物质，例如牛奶，加热到一定温度，就能将里面的大部分细菌杀死。巴斯德最大的突破在于他发现了细菌和病毒之类的微生物能够将疾病从一个人传染到另一个人。同时，他还演示了疫苗接种的原理：将少量的微生物样本注入人体，能使人体筑起一道抵抗特定疾病的防线。

阿维森纳所著的《医典》部分以亚里士多德和盖伦关于人体工作原理的思想为基础，包括了解剖学知识，以及他本人从医期间的所见所闻。

◇ 弗洛伊德——思维影响行为

很少有人能像奥地利心理学家西格蒙德·弗洛伊德（1856~1939年）一样深刻地分析自身的思维方式。弗洛伊德认为，从严格意义上来说人的思维分为两种：一种是有意识的，即自身能够感觉到的；另一种是无意识的，即自身不能感觉到的。这两种思维都会影响到我们的各种行为方式。他同时还指出，人类幼年时期的成长经历对潜意识思维产生了极大的影响，而这些潜意识又会影响到我们成年期的行为。

数学家的眼光

> 数学最初完全用来解决实际问题。例如早期的征税官员，即那些为政府募集资金的人员，在收税过程中需要计算总的税收额，由此，他们发明了算术。古苏美尔人和古埃及人发明了几何学，并运用它修建了金字塔和其他一些建筑物。

渐渐地，人们对数学的理论体系产生了浓厚的兴趣，并且历史上许多伟大的数学家开始专心于研究理论数学问题。但是，与其他科学家相比，这些数学理论家的成果却鲜为人知，因为很少有人能够真正领悟到数学的作用。

◇ 花剌子密和代数

代数是数学的一个分支，它用一些英文字母或其他符号代替不同的量值，以此来解决一些数学问题。阿拉

我的第一次探索

伯数学家阿勒·花剌子密于公元830年前后撰写了一本书，全名为《还原（或移项）和对消的科学》。书中第一次详细地介绍了代数学知识，它也是数学界最著名的书籍之一，而"代数"这一说法即来源于这本书的拉丁文译名。

◇ 毕达哥拉斯的三角形

毕达哥拉斯（公元前582~前497年），古希腊著名数学家，他建立了一个有关三角形各边长相互关系的数学准则，也称为毕达哥拉斯定理。这个定理指出，直角三角形两条直角边的平方和等于斜边的平方。

◇ 培根入狱

罗杰·培根（1214~1292年），英国修道士，他发现了许多有关平面镜成像的几何原理和光线透过棱镜时的弯曲角度的知识。同时，培根认为地球是圆的。然而在当时的人们看来，培根的这种观点显得荒谬无比，而他自己也因此进了监狱。

◇ 学者云集巴格达

虽然古希腊思想家，例如欧几里得等在基础数学方面建树颇多，但

↓ 阿勒·花剌子密在巴格达（今伊拉克境内）的一所数学学校内担任代数学教师，并于813~833年间撰写了一部极具影响力的代数学著作。

是高等数学却主要是由阿拉伯的学者们发展的。公元9世纪时，巴格达城（今伊拉克境内）转变为一个学习交流中心，而城中的智慧馆更是中心之中心。阿尔·尤里蒂斯向当时的人们介绍了十进制数字；在那里，阿布尔·瓦法引入了正切函数（直角三角形中某个特定的内角对应的直角边与邻边的比值）；数学家兼诗人奥马·卡哈亚提出了解决复杂等式的新方法。

◇ 笛卡尔与解析几何

法国哲学家、数学家莱恩·笛卡儿（1596~1650年）之所以广为人知，是因为他关于人类存在性的思考及理论。笛卡儿思想的闪光点在于：他认为对任何事物我们都应该先持怀疑的态度，待论证后，再相信它们。并且，他举例证明了他自身的存在是因为他无时无刻不在思考。从这一点出发，笛卡儿提出了著名的"我思故我在"的哲学理论。同时，他建立了一个数学分支，即坐标系几何，也叫做解析几何。有了解析几何，科学家和数学家就能通过坐标图上的几条曲线描述统计学规律，从而使他人轻松地理解统计内容。

◇ 警惕地球末日

皮尔·拉普拉斯（1749~1827年），法国数学家、天文学家，他成功计算出行星轨道的相关数学参量以及这些行星产生的引力，这个工作甚至连牛顿都无法完成。1773年，拉普拉斯分析并论述了：当两个天体距离很近时，其中一个星球为什么不会因为另一个星球的引力作用而偏离自己的轨道。这个问题当年牛顿曾考虑过，但是他以为这种作用力将导致地球的末日。同时，拉普拉斯第一次指出太阳系起源于一个比针尖还要微小的云团。

★ 1796年，拉普拉斯指出：宇宙中存在着这样一种天体，其引力之大，甚至连光线都无法逃逸。200年后，天文学家证实了这种天体的存在，并称之为黑洞。

★ 笛卡儿认为，人类的精神和肉体是独立存在的。我们的身体及感觉是确实存在的，有形的；而精神与之完全不同，是不确定存在的，无形的。

■ 我的第一次探索

电学的推动者

如今，人类的生活离不开电，我们无法想象如果没有电，世界将会是什么样子。然而在250年前，人们对电还一无所知。

电能是宇宙中一种基本的能量形式，它无处不在。如果用琥珀或玻璃与丝绸互相摩擦，就会发出微弱的火花，人类最初就是通过这种途径认识电的。18世纪50年代前后，本杰明·富兰克林指出，闪电实际上是一种电能。从此，电在人们的眼中不再神秘。随后，科学家纷纷将目光投向电，并陆续发现电的一系列性质。大约在50多年之后，约瑟夫·亨利和迈克尔·法拉第发现了大量生成电能的方法，这预示着电时代的到来。

◇ 放飞风筝

世界上以自然态存在的电能最常见的表现形式莫过于闪电。然而，一直到18世纪中叶，人们才发现闪电的本质。那时候，科学家刚开始知道如果将2种不同材料的物体，例如玻璃和丝绸相互摩擦，就能放出电火花，他们热衷于研究怎样才能让放出的电火花最大。美国政治家、科学家本杰明·富兰克林（1706~1790年）当时就想，从本质上来说，闪电是不是也是一种摩擦生电呢？为此，他做了一个实验，证实了闪电确实能够产生电能。这个发现为他以后发明避雷针提供了理论依据。

◇ 电磁转换

化学电池组（例如伏打发明的

↗ 为了证明自己的想法，富兰克林在雷电天气里放飞一只风筝。风筝的线由细细的丝绸制成，而在远离风筝的一端绑有一个金属钥匙。当风筝飞上天后，闪电中的电能顺着潮湿的丝绸线往下传输，遇到金属钥匙后，产生一个大大的电火花。富兰克林证实了自己的猜想，幸运的是，他没有遭电击。

电池组）虽然能够产生稳定的电流，但是电量不大。19世纪20年代，科学家发现电和磁之间存在着某种联系。1830年，美国科学家约瑟夫·亨利（1797~1878年）和英国科学家迈克尔·法拉第（1791~1867年）发现移动磁体能够产生变化的电流。此后不久，工程师首次制造出一种通过磁体的运动产生大量电能的机械，奠定了当今各种各样先进的电设备，从电灯泡到电脑等被发明制造的基础。

◇ **最早的电池**

1790年前后，意大利科学家亚历山德罗·伏打（1745~1827年）发现，将特定的化学物质混合在一起，使它们发生化学反应，就能够产生微弱的电流。伏打将铜片和锌片交替排列，并把它们一起放进入盐水中，就制成了世界上最早的电池。盐水中的各种物质发生化学反应，缓慢地产生稳定的电流，这是人类历史上的第一个电池。

原子专家改变了时代

19世纪上半叶，人们逐渐认识到万有引力并非宇宙中唯一的肉眼不可见的作用力。不久，科学家发现宇宙中所有的物体都受到一种看不见的电磁力的作用，因而能够对外表现为一个整体。

19世纪60年代的詹姆斯·克拉克·麦克斯韦，以及20世纪初期的居里夫妇等指出，电磁力来源于原子，或原子内部的各种物质微粒。从这个思路出发，科学家逐渐掌握了辐射、核能等相关技术。

◇ **卢瑟福和玻尔**

直到19世纪末期，科学家才知道物质都是由许许多多微小的不可见的粒子组成的，他们把这些微粒叫做"原子"。19世纪90年代前后，英国物理学家汤姆森（1856~1940年）指出，原子不是最小的物质，电子比原子还要小。随后，新西兰物理学家欧内斯特·卢瑟福（1871~1937年）指出，原子内部大部分空间都是空的，原子中心有一个密度极高的微小的球

我的第一次探索

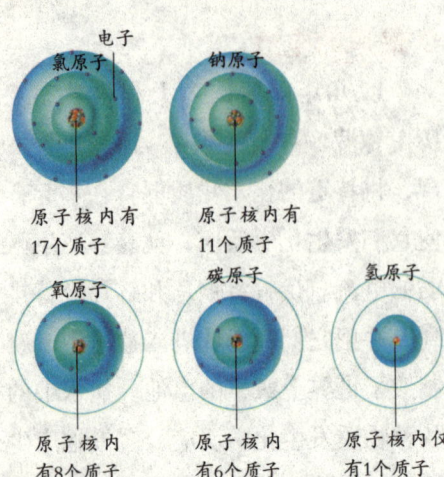

原子由原子核和核外电子组成。原子核在原子的中心，又由质子和中子组成，质子数和核外电子数相等。电子带有一个单位的负电荷，围绕着原子核运转。质子带有一个单位的正电荷，被束缚在原子核内。

状物体，他把这个物体叫做"原子核"。此后，卢瑟福与丹麦物理学家尼尔斯·玻尔（1885~1962年）合作，致力于原子的研究。20世纪30年代，他们描绘出一幅原子结构图：原子的正中心是致密的原子核，原子核由质子和中子组成，核外电子围绕着原子核运转。现在，我们都知道原子还可进一步分成许多极为微小粒子。

◇ 力场

19世纪40年代前后，伟大的物理学家迈克尔·法拉第提出"力场"的理念。力场指电流或磁体能够发挥作用的空间区域。大约在20年后，苏格兰物理学家克拉克·麦克斯韦（1831~1879年）指出，这种电磁场在空间以不可见的波的形式扩散，或称之为"辐射"：就像将一块石头丢到水中，激起的水波由内向外扩散一样。他还指出，这种波以光速传播，进而推知光实际上是一种电磁波。

◇ X射线

德国科学家威廉·伦琴（1845~1923年）在用电子流进行实验的时候，意外地发现了X光。他注意到，被电子流击中的物体能够发出特殊的光亮，这是因为在电子流使物体发出荧光的过程中产生了X射线。1901年，伦琴获得了诺贝尔物理学奖。

◇ 制造原子弹

众所周知，将原子核聚集到一

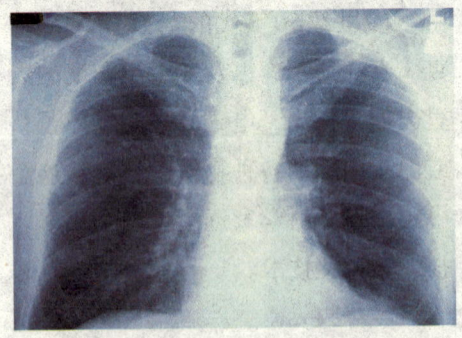

X射线对人类生活产生了极大的影响。医生可以用X射线设备对病人诊断，例如进行肺部疾病的检查等。

起需要消耗巨大的能量，但原子核裂变却能释放出巨大的能量。1939年，科学家成功地使铀原子核裂变，铀核是所有已知元素中核子最大、最容易裂变的原子之一。第二次世界大战期间，美籍意大利人科学家恩里克·费米（1901~1954年）成功地进行了核能链式反应，即通过铀核的裂变引起一系列其他原子的裂变，形成一个链式反应，释放出巨大的原子能。

◇ 原子辐射

1897年，法国物理学家亨利·贝克勒尔（1852~1908年）指出，最近发现的辐射现象并非全部来自于电能，似乎铀原子附近也存在着辐射。贝克勒尔的研究成果极大地影响了法籍波兰人科学家玛丽·居里夫人，她与丈夫皮埃尔·居里一起实验，终于发现原来这种辐射来自于铀原子核自身。居里夫妇将这种原子辐射称为"自发辐射"。1911年居里夫人因在放射化学方面的成就再次获得诺贝尔奖。

不幸的是，由于长期从事放射性物质的研究工作，居里夫人最终死于血癌。

这些观念颠覆了世界

大约在一个世纪以前，我们对于世界的认识还显得很肤浅，似乎一切事物的发生与结束都理所当然。后来出现的两大科学理论——量子论和相对论表明，世界远不像我们想象的那样简单。

量子论指出，事物的原因和结果之间并非是严格的一一对应的关系；而相对论则颠覆了人类传统的时间观念，它指出时间充满了整个宇宙，并且一直在向前行进。虽然这些理论对我们日常生活产生的影响微乎其微，但是它们彻底变革了整个科学界，从对宇宙的宏观研究到对原子的微观研究，无不受到影响。

◇ 黑洞，光线也逃不掉

爱因斯坦指出，引力能够压缩两物体间的时空，使这两个物体间的距离更近。如果引力足够强大，它会

■ 我的第一次探索 ●●●●

无限压缩两物体之间的时空，直至这段时空消失为一点。英国物理学家史蒂芬·霍金在他的惊世作品《时间简史》中详细介绍了黑洞的形成过程，他认为黑洞是宇宙中一个极小的点，其引力足以捕捉任何物体，使其难以逃脱，甚至包括光。

◇ 时间，快进和倒退

曾经，人们认为时间在空间中均匀分布，并且只朝着一个方向运动：即从过去流向未来。伟大的物理学家阿尔伯特·爱因斯坦（1879~1955年）指出，时间的运动并不像我们想象的那样。在他的相对论中，爱因斯坦彻底颠覆了先前的时间观念，首次指出时间是相对的。时间不是固定的，它完全取决于我们的测量方式，并且我们只能够以其他物体为参照来测量时间。同时，爱因斯坦也指出，时间并非单方向运动，它是一种尺度，正如长度、宽度和深度一样，可以向前运动，也可以向后运动。

◇ 把光分成"一份一份"

许多科学家都曾以为光及其他一些辐射光线在空中以连续波的形式传播。19世纪90年代，德国科学家马克斯·普朗克（1858~1947年）观察热物体辐射光线的范围，发现实验结果并不支持先前的光波理论。但是，普朗克注意到，如果将辐射光的能量看成一份一份的，即所谓的"量子"，就能完整地解释实验现象。量子是一种极小的能量单位，当许多量子一起发射时，表现为连续的波；但是当这些量子一份一份地单独发射时，就表现为一个一个的微粒。不久以后，科学家们发现，量子论能够应用于所有的比原子小的粒子，而量子力学也成为一门全新的学科。

↗ 通过爱因斯坦质能方程 $E=MC^2$，我们能够计算出一个原子中含有的能量，这使得原子弹的研究与发明成为可能。

◇ 四维空间

赫曼·闵可夫斯基（1864~1909

年）对爱因斯坦的相对论加以发展，他认为，时间和空间并非独立存在，而是相互联系的。空间是三维的，包括：上面、下面和侧面，而时间是另外一个维数，即第四维。这样，当把时间和空间放在一起时，就构成了四维时空。

闵可夫斯基运用几何学知识解决数字论、数学物理以及相对论中遇到的难题。

解译生命的密码

在过去的几个世纪里，一些伟大的生物学家指出：一切有机生命体都是由不计其数的微小单元，即细胞组成。每个细胞内部都有许多指令，它们不但控制着细胞自身的生命活动过程，而且还参与控制整个动植物体的生命活动。这些指令就是基因。

基因隐藏于细胞中的一种化学分子，即DNA（脱氧核糖核酸）内。DNA能够将动植物的性状特征传递给下一代。如今，科学家对DNA的功能了如指掌，他们甚至开始人为地控制或者改变生物体内特定的基因，这就是基因工程。

◇ 令人惊叹的双螺旋结构

即使是在高倍显微镜下，各个细胞内的DNA分子看起来比一堆乱糟糟的细线粗不了多少。实际上，这些乱糟糟的东西是一种双螺旋结构，有点像一条彼此缠绕的绳梯。绳梯上一级一级的台阶是一些特殊指令，指导着细胞内特定蛋白质的合成。在蛋白质的合成过程中，双链结构首先从中间解开螺旋，露出单个碱基。DNA双螺旋结构的发现是20世纪最伟大的科学发现之一。1953年，英国剑桥大学两位年轻的科学家：来自英国的弗朗西斯·克里克和来自美国的詹姆斯·沃森共同发现了这种结构，由此共享1962年诺贝尔生理学或医学奖。

◇ 将DNA"剪断""重组"

20世纪最伟大的科研项目之一是基因工程，或称基因改良。1972年，美

■ 我的第一次探索

国生物化学家保罗·伯格发明了如何将一种细菌的DNA链剪下一小段，并把这段剪下的DNA片段插入到另一种细菌DNA链中的技术。这种技术就叫做DNA重组，它使人们可以将一种动植物体内控制某种性状的基因移植到另一种动植物体内，使后者表现出特定的性状。目前，已有一些生物技术公司利用这种技术将某些有利的性状，例如抗虫害、高产等植入农作物体内。

↗ 双胞胎姐妹的很多性状都相同，这是因为她们相应基因的编码相同。

◇ 顺序很重要

1967年，来自美国的马歇尔·尼伦伯格和美籍印度人哈尔·科拉纳破解了遗传密码。他们指出，遗传编码取决于DNA双螺旋结构中4种不同的化学碱基的排列顺序。这些碱基就像字母表中的单个字母，它们沿着DNA链排列，形成一长串的字母列，我们将这种字母列按照特定的规则划分为一个一个的"句子"，每个句子就叫做基因。基因控制着生物体的某种性状。各基因内的编码是一种指令，能够指挥特定蛋白质的合成。

◇ 孟德尔的豌豆

生物体特定的性状如何在上下代之间传递，以及为什么有些性状不会表现出来，而有些性状则能够跨代传递，这些问题一直困扰着生物学家，直到被孟德尔解决。他种了一些豌豆，并分析这些豌豆的形状和颜色。通过记录豌豆的这些性状如何在上下代之间传递，孟德尔创造出一套基因遗传的基本法则，即生物体的不同特性如何在上下代之间传递的法则。

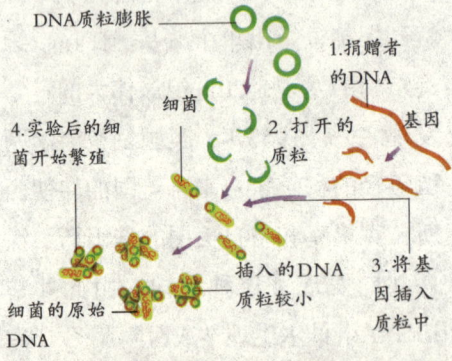
↗ 图中显示了基因拼接的步骤：1.通过限制性酶的作用，将捐赠者DNA上的特定片段分离出来；2.将一种称为质粒的特殊的DNA环打开；3.将从捐赠者DNA上分离出来的基因片段插入质粒内，并用DNA连接酶将两个接头处补好，再把这个整体植入细菌体内；4.细菌不断地繁殖。

科学未解之谜

KEXUE WEIJIE ZHI MI

我的第一次探索

宇宙诞生之谜

> 对于目前宇宙的起源问题，科学家们提出了各种假说，"宇宙大爆炸"论就是当今最流行的一种。

何谓"宇宙大爆炸"理论？"宇宙大爆炸"理论认为，在150亿~180亿年以前，宇宙中的物质都密集集中在一起，称为奇异点，它体积无限小，质量、密度、时空曲率无限大，以致没有时间也没有空间。在一定的条件下，发生了一次大爆炸。

◇ **大爆炸之后发生了什么**

爆炸初期的高温阶段，宇宙中只有中子、电子、光子、中微子等基本粒子形态的物质，形成一个原初火球，它向四周迅速膨胀，同时温度、密度不断下降。当温度下降到100亿摄氏度时，宇宙中开始形成化学元素，随后，宇宙物质取等离子体等状态。当温度降至几千摄氏度时，等离子体复合成通常的气体。当温度再往下降时，气体物质逐渐凝聚为星云，以后凝缩为各种星体，形成了今天的宇宙世界。

目前，有一些观测事实支持这种假说。例如，天文学家在观测宇宙中各星系时，发现光谱普遍红移，说明各星系都离我们远去，其退行速度与距离成正比。因此，得出一个惊人的推论：各星系间的距离都正在均匀地拉开！总星系正在均匀地膨胀着！宇宙在膨胀！由此例推论，宇宙一定从某一基点猛烈爆炸，并急剧地向外膨胀。

◇ **再来一次大爆炸！**

最近，科学家们又发现中微子的静止质量。如果这一点得到证实，

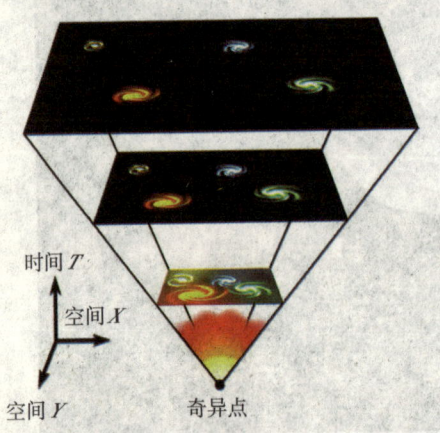

↗ 宇宙大爆炸的简略示意图

那么，它又为"宇宙大爆炸"论提供了一个新的论据。因为宇宙中到处都有中微子，尽管它的静止质量非常微小，但是它们全加在一起，所产生的引力作用可以阻止宇宙继续膨胀下去，并把宇宙物质重新拉回一处，从而引向另一次宇宙新爆炸。

宇宙究竟从何而来？"宇宙大爆炸"论是否就是宇宙产生的原因？这还有待于继续探讨，进一步证实。

宇宙中真的存在反物质吗

从中学时代我们就知道，世界是由物质组成的。但是，如今科学家提出了"反物质"的概念，对传统观点提出了挑战。那么，反物质是什么？宇宙中是否真的存在反物质呢？

不同的概念。众所周知，物质构成了世界，而原子构成了物质，原子核位于原子的中心。原子核由质子和中子组成，带负电荷的电子围绕原子核旋转。原子核里的质子带正电荷，电子与质子所携带的电量相等，但一正一负。质子的质量是电子质量的1 840倍，它们在质量上形成了强烈的不对称性。这引起了科学家的关注。

◇ **狄拉克的大胆设想**

有一些科学家在20世纪初就认为质子和电子之间相差悬殊，因而应该存在另外一种电量相等而符号相反的粒子。如：存在一个同质子质量相等但携带负电荷的粒子和另一个同电子质量相等但携带正电荷的粒子。这就是"反物质"概念的最初观点。

狄拉克是英国物理学家，他根据狭义相对论和量子力学原理，于1928年提出了这样一个设想：在自然界中，存在着带负电的电子，同时还存在着一种与电子一样但能量与电荷都为正的正电子。这种电子可以称为电子的"反粒子"。狄拉克认为，物质和反物质一旦相遇，就会互相吸引，并发生碰撞而"湮灭"，各自的质量也消失了，并释放出大量能量，这些能量以伽马射线的形式出现。在我们周围的物质世界中不可能有天然的反

我的第一次探索

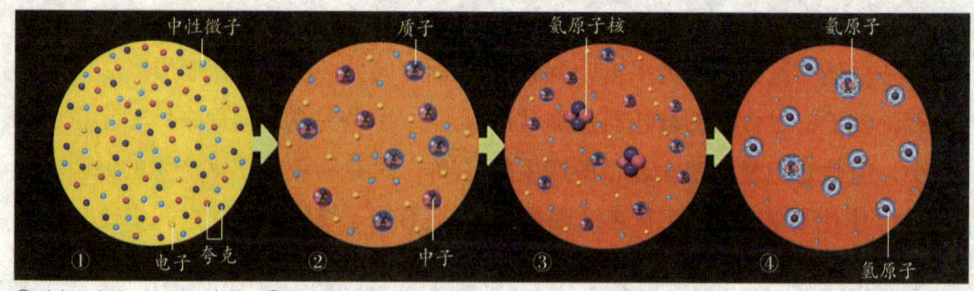

①形成了夸克、电子、中性微子等。　②夸克相互附着，形成质子和中子。　③由质子和中子形成氦原子核。　④质子、氦原子核抓住电子，形成氢原子和氦原子等。

↗ 物质的诞生示意图

物质存在的原因就在于此。

狄拉克的这一设想，对科学界的震动很大，科学家们认为这种设想极有道理，因而他们开始极力寻找和制造反物质。

1932年，美国物理学家安德森研究了一种来自遥远太空的宇宙射线。在研究过程中，他意外地发现了一种粒子，这种粒子的质量和电量都与电子完全相同，唯一不同的是在磁场中弯曲时，其方向与电子相反，也就是说它是带正电的电子。这一发现论证了狄拉克的设想，并大大激励了人们的研究热情，他们纷纷投入到寻找反物质粒子的工作中。1955年，在美国的伯克利，钱伯林和西格雷两位科学家利用高能质子同步加速器发现了反质子。西格雷等人于1957年又观察到了反中子。

◇ 造出来的反粒子

欧洲一些物理学家于1978年8月，成功地分离了300个反质子达85小时，并成功地储存了这些反质子。1979年，美国新墨西哥州立大学的科学家进行了一个实验，在实验中，把一个有60层楼高的巨大氦气球，放到高空，气球在离地面35千米的高度上飞行了8个小时，捕获了28个反质子。关于反质子的发现层出不穷，这些发现激发了人们的兴趣。反中子和中子一样都不带电，但它们在磁性上存在差别。中子具有磁性且不断旋转，反中子也不断旋转，但其旋转方向与中子恰恰相反。顺着这个线索，物理学家们继续寻找下去，结果，发现了一大群新奇的粒子。到目前为止，已经发现了300多种基本粒子，这些基本粒子都是正反成对存在的，也就是说，任何粒子都可能存在着反粒子。

这样，用人工的方法把反质子、反中子和正电子组成反物质原子这一设想在理论上是成立的。在实践中人们利用粒子加速器人工制造出由一个反质子和一个反中子组成的反氘核，这个反氘核是人工制造出的第一类反原子核，它是美国布鲁克海文实验室研制成功的。由两个反质子和一个反中子组成的反氦-3核是第二类反原子核。苏联在塞普霍夫加速器上曾获得5个反氦-3核。而反原子是由正电子与这些反原子核相结合而得到的。

1996年1月，欧洲核研究中心宣告德国物理学家奥勒特等利用该中心的设备合成得到第一类人工制造的反原子，即11个反氢原子。由于这一科研成果意义重大，欧洲核研究中心专门开会庆祝反原子的人工合成。物理学家们预言，技术上进一步的改进将会使大量生产反物质原子的设想成为可能。

◇ **有反物质就有反物质世界？**

对于反物质在自然界中究竟有没有的问题，人们观点各异。以往的一些理论认为，在宇宙中，正物质和反

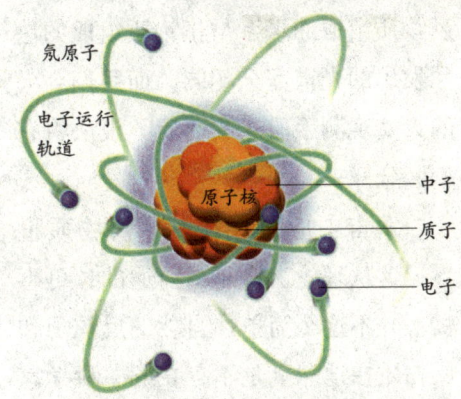

↗ 原子和分子模型构造示意图
所有的物质都是由原子构成的，而原子则是由质子、中子和电子构成的。质子和中子形成原子核，而电子则围绕原子核不断地旋转。原子与原子经过化学结合则构成了分子。

物质是对称的、同样多的。虽然，反物质在地球上只能出现在实验室里，且时间短暂，但是在茫茫宇宙中的某些部分却有可能存在一些星系，这些星系由反物质构成。在那些星体上反物质的存在是极其"正常"的，而正物质却很少在那些星体上存在。物质与反物质在电磁性质上相反而其他方面均相同，那么，在宇宙总磁场影响下，它们各自向宇宙的相反方向集中，分别形成星系与反星系。根据这种观点，宇宙应该一分为二，由正物质和反物质两部分构成。可以想象，由反物质构成的星系应该距离我们极其遥远。但是，至今我们也无法获得关于反星系分布的直接证据，因为由

我的第一次探索

反物质组成的星系与正物质组成的星系发出的光谱完全相同,而我们今天的天文观测手段还较落后,没法将它们区分开来。

宇宙中应该存在一个反物质世界,这从理论上讲是行得通的,可事实上并不这么简单。自然的反粒子和反物质在地球上是不存在的。科学家们研究发现,核反应中产生的反粒子被大量正常粒子包围着,所以产生出来没多久就会和相应的正常粒子结合,两者结合后,反粒子便不存在了,它转化成了高能量的光子辐射。可人们至今还没有发现这种光子辐射。在地球上很难找到反物质,因为普通物质无处不在,而反物质一旦遇到它就会湮灭。事实上,反物质仍能以自然形态存在于地球以外的宇宙中。由于反物质发出的光与物质发出的光一样,所以人们无法从恒星发出的光来判断它是物质还是反物质。因此人们推断,完全可能有反物质构成的恒星存在于宇宙中,或者在距别的星球足够远的孤立空间中,甚至在银河系中。自然界是有对称性的,所以,其中必同时存在着由物质组成的星体和由反物质组成的星体。当然,物质和反物质不可能同处在一个星体中,因为两者碰到一起就要湮灭。

◇ **到底有没有反物质**

到底在宇宙中有没有自然存在的反物质,还有待于科学技术的进一步发展去证实。物理学家们努力搜寻反物质,希望能在宇宙中寻找到它们。

能不能直接观测太阳系以外宇宙中的反物质呢?可以,但目前只有一个办法,那就是研究宇宙射线。

在地面实验室中很难探测到宇宙射线中的反物质,因为有一个稠密的大气层在地球上空。穿越大气层时,宇宙射线会与大气碰撞而产生次级粒

↗ 自然界喜欢对称性,在宇宙中完全有可能有反物质构成的恒星,甚至在银河系中,也可能存在由反物质构成的星体。

子,这些次级粒子又会与大气粒子碰撞产生更次级的粒子,这样几经反复,地面上测不到原始的宇宙射线,因此也无法确定宇宙射线中反物质存在的情况。为此,人们想方设法把探测器送上大气的最高层,并一直希望能将探测器送到太空。过去,人们多次用高空气球把高能反物质望远镜等探测器送到高空,探测宇宙射线中的正电子与反质子,但收获不大,从未发现过比反质子更重的反原子核。现在,随着航天技术的发展,到太空中去寻找反物质的愿望终于可以实现了。

1998年6月,美国"发现"号航天飞机载着阿尔法磁谱仪,从肯尼迪航天中心发射升空。"发现"号航天飞机的成功发射,标志着探索宇宙反物质的重大科学实验的开始。值得一提的是阿尔法磁谱仪主要由中国科学家参与研制。

阿尔法磁谱仪的英文名字是Alpha Magnetic Spectrometer,简称AMS,它主要由上下各两层的闪烁体、永磁体、紧贴永磁体内壁的反符合计数器、内层的六层硅微条探测器以及契伦科夫探测器等各种探测器组成。

在阿尔法磁谱仪中,由钕铁硼材料制成的永磁体是其主体结构,其重量约2千克,高1米、直径1.2米、长0.8米,是一个空心圆柱体,其中的磁场强度为1 400高斯,能长期在太空中稳定工作。根据磁场反应的粒子电荷以及粒子的速度、轨迹、质量等信息,AMS可以推断粒子的正与反。可以说,当今最先进的粒子物理传感器就是AMS。

航天实验证明,阿尔法磁谱仪经受住了发射升空时的剧烈震动和严酷的太空工作环境的考验,运行状况良好,捕捉到许多带电粒子的踪迹,这些粒子是由次宇宙射线发出的。

◇ "湮灭"的巨大能量

人们如此热切地探求反物质,其目的不仅在于要证实理论的正确与否,而更实际的则是在于获取巨大的能量。

任意半吨物质与半吨反物质相遇,则发生"湮灭",并且会放出能量,这种能量将是燃烧1吨煤所放出的能量的30亿倍。只要用正、反物质各1吨发生"湮灭","湮灭"所产生的能量就可以解决全世界1年所需的能量。而且"湮灭"后不留残渣和任

■ 我的第一次探索

何有害气体。因此，反物质是极干净的超级能源，同时更是最理想的宇宙航行能源。据计算，10毫克的反质子只有一粒盐那么大，却可以产生相当于200吨化学液体燃料的推进能量。通过这些能量，可以轻而易举地将巨型航天器送入太空。科学家们设想造一艘头部装一面巨大的凹面反射镜的光子巨船，要使飞船开动时，就将燃料库中的物质和反物质分别有控制地输送到凹面镜前，让它们在凹面镜前适当位置接触、"湮灭"，再转化为极其强烈的伽马射线，即光子流。这种光子流被凹面镜反射出去，产生巨大的反作用力，就像气体从火箭喷口喷出一样，推动飞船前进，实现星际航行。

尽管至今我们仍不能确定宇宙中有反物质，但我们也不能过早予以否定。因为距离我们100多亿光年的天体是人类已观测到的最遥远的天体，但这并不是宇宙的边缘，也许在更遥远的太空中会有反物质存在。也可能确实有反物质存在于我们已经观测到的宇宙中，只是由于某种原因使我们无法看到这些反物质。

暗物质之谜

在宇宙学中，暗物质是指那些自身不发射电磁辐射，也不与电磁波相互作用的一种物质。人们目前只能通过引力产生的效应得知宇宙中有大量暗物质的存在。

宇宙大爆炸理论认为：宇宙诞生之前，没有时间，没有空间，没有物质，也没有能量。约150亿年前，一个很小的点爆炸了，逐渐膨胀，形成了空间和时间，宇宙随之诞生，并经过膨胀、冷却演化至今，星系、地球、空气、水和生命便在这个不断膨胀的时空里逐渐形成。

最近的天文观测和膨胀宇宙论研究表明，宇宙的密度可能由约70%的暗能、5%的发光和不发光物体、5%的热暗物质和20%的冷暗物质组成。也就是说，宇宙中竟有九成是看不见的暗物质，其中被称作可能是宇宙早期遗留至今的一种看不见的弱相互作用的重粒子——冷暗物质正是支持膨胀宇宙论的关键。

正因为宇宙中的暗能、暗物质至今尚未被发现，所以科学家们给我们留下了一系列关于宇宙中的暗物质问题的谜团。人类共同关心的问题是：宇宙中的暗物质究竟有多少？它们在宇宙中占有多大的比例？目前天文学家还无法确知。只是给出了一些估计的数字：在宇宙的总质量中，重子物质约占2%，也就是说，宇宙中可观测到的各种星际物质、星体、恒星、星团、星云、类星体、星系等的总和只占宇宙总质量的2%，98%的物质还没有直接观测到。在宇宙中非重子物质的暗物质当中，冷暗物质约占70%，热暗物质约占30%。

紧接着，下一个问题又来了：宇宙中存在的大量非重子物质的暗物质

彩色编码显示亮度　　80亿光年以外的星系的变形图像　　阿贝尔2218星系团质量相当于50万亿个太阳　　70亿光年以外的一个星系两张放大图　　阿贝尔2218星系（产生透镜化的星系团）中最亮的星系在30亿光年之外　　100亿光年以外的星系，由于受到透镜作用而变亮

↗ 宇宙幻景

这张哈勃图像上发光的弧弦就像宇宙蜘蛛网的一缕缕网线。这为暗物质的存在提供了强有力的证据。阿贝尔2218是距地球30亿光年的一个星团，它相当于一个引力透镜。通过它的来自更遥远星系的光的射线受到其引力的影响，聚集而成为明亮的曲线。聚集光所需的引力要比可见星系提供的引力强10倍，所以这个星团90%的质量必定存在于暗物质上。

■ 我的第一次探索

组成成分究竟是些什么粒子？它们的形成及运动规律又是怎样的呢？于是寻找暗物质、探求暗物质的性质就成了世界高能物理研究的热点之一，寻找的途径包括在超大型加速器上的实验，还包括在地下、地面和宇宙空间对宇宙线粒子的测量。中国科学院高能物理研究所在寻找暗物质的研究方面在国际上一直处于领先地位。1972年高能所云南高山宇宙线观测站曾观测到一个奇特现象，即观察到一个从宇宙射线中来的能量大于3 000亿电子伏特的粒子碰撞石墨中的粒子后，产生了3个带电粒子。分析表明，其中一个是介子，一个是质子，还有一个是能量大于430亿电子伏特、寿命长于0.046纳秒的带电粒子。许多科学家认为若此事能被证实，它将肯定是超出标准模型的新粒子，而这个新粒子就可能是暗物质的粒子。

1979年，科学家发现，在仙女座背景方向的温度比天空其他方向的要高，那里存在着巨大的未知质量。"失踪"的物质哪里去了呢？按照牛顿物理万有引力定律，星系中越往外的行星绕该星系中心的转动速度越慢。太阳系中的行星运转正是这样的。但已观测到有许多星系，其外边

↗ 创世大爆炸示意图

约150亿年前，宇宙经过一次巨大的爆炸，即"创世大爆炸"，开始了它膨胀和变化的过程，而这种膨胀和变化至今仍在继续进行着。经过千百万年之久逐渐形成了星系、恒星以及我们今天所知道的宇宙。

缘行星比中心附近行星绕转得更快。这说明除看得见的星系或星系团外，还有大量暗物质隐藏在其中，它们像晕一样包围着星系和星系团。那么这些像晕一样的东西是由什么物质构成的呢？有人认为是X射线和星系际云，但它们远没有估算的暗物质那么多；也不是年老的恒星，如体积很小的中子星和白矮星，它们行将死亡时会抛出大量物质，但人类并未观测到。英国剑桥大学的物理学家霍金认为有可能是黑洞，还有不少科学家认为是"中微子"，并提出了暗物质的"中微子"模型。但研究这个模型还存在一定的困难，例如，按此模型只

· 100 ·

有在超星系团周围才有晕，但实际上在星系周围也观测到晕；而且"中微子"是否有质量，科学实验也未最终确证。

20世纪80年代，美国和苏联的一些科学家提出了暗物质的"轴子"模型。按照这个模型，混沌伊始（宇宙爆炸后不久有一个混沌不分的时期），宇宙就如一坛重子和轴子混合交融的块汤。后来重子由于辐射能量，慢慢地转移到团块中心去了，结果普通发光物质的核被冷子晕包围，形成了星系似的天体。这个模型简洁美妙，有人用计算机对这种模型进行了模拟演算，最终得到的宇宙演化图像与我们今天所观测到的宇宙十分吻合。但这个模型毕竟是假想的产物，它能否成立，还需要有更多的实验来验证。

从理论上说，冷暗物质粒子应该具有一种质量很重的中性稳定粒子，它不直接参与电磁相互作用，但可以参与弱相互作用和引力相互作用。这种粒子肯定是超出标准模型的粒子，如果能在实验中直接观测到这种粒子，将是探讨物质微观世界结构和基本规律方面的重大突破。目前中科院高能所参加了由意大利罗马大学牵头的意中科学家组成的研究小组的冷暗物质粒子研究。为了避免各种信号干扰，意大利国家格朗萨索实验室建在一个高速公路穿过的山洞下，岩石厚度有1 000米。中、意科学家研制的100千克低本底碘化钠晶体阵列安装在意大利格朗萨索国家地下实验室，经过8年的实验，已经探测到这种物质粒子偶尔碰撞碘化钠晶体中的原子核时发出的微弱光线，已获得了这种信息的3个年调制变化周期，并据此推算出这种粒子很重，它的质量至少是质子的50倍。实验的初步结果提供了宇宙中可能存在一种重粒子，即冷暗物质粒子的初步证据。

科学家们认为，这种粒子的存在将非常有力地支持暴涨宇宙论和超对称粒子模型，困扰天文学家70多年的谜团就能澄清，粒子物理、天体物理、宇宙学将会有突破性发展。但实验上要确认冷暗物质的存在及特性，尚需进一步的观测数据和可靠证据，我们期待着关于暗物质的一系列谜团早日揭开。

我的第一次探索

发现外星人

> 外星人是人类对地球以外智慧生命的统称。古今中外一直有关于外星人的遐想，但现今人类还无法实际探查是否有外星人存在。

虽然一直以来，很多人声称自己见证过外星人造访地球，甚至与自己发生接触，但是大多数学者专家相信，人类与外星人所谓不同程度的接触，其实都是心理作用，人类发现"外星人"的机会很小，即使发现有外星人的存在，也几乎很难与它们发生任何接触。在过去50年的搜寻中，天文学家并没有发现任何外星人的确凿线索。但是从理论上说，宇宙中存在其他智慧生物几乎是必然的。至于人类是否有机会与之接触，还不得而知。

1950年美国在新墨西哥州回收了几具外星人尸体，这是地球上的人类首次有记载的发现外星人尸体的事件。这年年底，在该州的一个空军基地，降落了一个不明飞行物。两三辆吉普车迅速朝那个不明飞行物驶去，发现那是一个非常典型的圆状飞碟。飞碟里走出一个乘员，上了一个军官的吉普车，接着就开往了该基地的指挥部。这个乘员在指挥部待了约一个小时就回到了飞碟上，不久飞碟垂直起飞离开了地球。这显然是一次面对面的直接接触，但是没有人出来证实这件事。直到1989年11月末，才有一位科学家出来证实此事。这位科学家曾参与外星人的尸体处理工作。他说，有4具外星人的尸体一直保存在俄亥俄州的空军基地里。当时在任的杜鲁门总统曾下令所有相关人员严守这一机密，并同意对外星人的尸体进行研究。

透露这条消息的科学家叫斯通·弗里德曼，当年他直接参加了对外星宇宙飞船残骸及外星人尸体的处理工作。据他讲，这四个外星人个头很小，呈深灰色的皮肤满是皱纹，但头和眼睛都很大。他们的耳朵和鼻子深陷于脸内部，从手肘到手腕的那截手臂特别短。

此后，美国又发现了数具外星人尸体。1953年夏，在美国亚利桑那上空一个飞碟发生了故障,其中一部分碟体陷在沙子里。美国军方派人赶到时,发现里面有5个外星人。这几个人和地球人长得比较像,只是胳膊特长,而且每只手只有4个手指,指间还有蹼,看起来像青蛙的蹼。其中一个还活着,但伤得很重,不久就死了。

另一艘坠毁于1962年的飞碟直径有17米,由一种在地球上找不到的金属制成。在飞碟残骸里发现两个类人的生命体,身体比地球人矮,只有1米左右,但头比地球人的头大,鼻子只有小小的突起,嘴唇很薄,还有一对没有耳郭的小耳朵。

据美国"20世纪不明飞行物研究会"主席巴利先生透露:目前,美国回收并加以冷藏处理的外星人尸体至少有30具,分别放在几个安全且秘密的地方。

外星人的尸体在世界其他许多地方也被发现过。1950年有一个飞碟坠毁在阿根廷荒无人烟的潘帕斯草原。这个飞碟的圆盘高约4米,直径约为10米,座舱高约2米,有舷窗,表面光亮严整。这个飞碟正好被驱车经过的建筑师塔博博士发现了。在强烈的好奇心的驱使下,他停车走近,从圆形物体的舷窗往内看,发现舱内有四张座椅。其中三张各坐着一个小矮人,他们一动也不动,显然已经死了。这些小矮人长得与地球人差别不大,有鼻子、眼睛和嘴巴,头发呈棕色,长短适中,皮肤黝黑,穿一身铝灰色的服装。只是第四张座椅空着。

第二天,等到他与朋友们再来看时,地上只留下了一堆灰烬,温度很高,站在旁边也能感觉到。他的一个朋友抓起了一把灰,手立刻就变紫了。后来,塔博博士患上了一种非常怪的疾病,连续发高烧,好几个月不退,皮肤破裂,像老树皮一样,一直无法治愈。

这三个外星人的尸体被人们发现却未能回收到。于是就有人推测,可能第四张座椅上的那个外星人当时还活着,为了不让自己和飞碟落入地球

↗ 在1966年3月的一次记者招待会上,美国空军蓝皮书作业组织的顾问海奈克展示了一幅密歇根UFO目击者所绘的草图。美国政府自此开始调查UFO事件。

■ 我的第一次探索 ●●●●●

↓ 出现在美国得克萨斯州某农场上空的不明飞行物

↗ 根据专家的判断,这张拍摄于1967年俄亥俄州村庄上空的照片展示的是一种外星人的交通工具。

人之手,就把飞碟和三个外星人的尸体悉数烧掉了。

苏联科学家杜朗诺克博士在南斯拉夫宣布:苏联一支科学探险考察队于1987年11月在戈壁沙漠中发现了飞碟。当时,它的一部分已埋在沙堆中,直径有22.78米。让人吃惊的是,这次发现的外星人尸体达14具之多,而且都没有腐烂,可能是沙漠中气候干燥的缘故。

设在法国巴黎的"UFO报告真实性科学协会"主席狄盖瓦曾经在喜马拉雅山峰的冰雪中发现一个飞碟残骸和6个外星人的遗体。当时法国政府大力支持他们回收外星人遗体和飞碟残骸的工作,回收工作持续了数月才结束。从回收的外星人遗体看,它们身材矮小,只有1米左右,四肢瘦弱,但头和眼睛都比地球人大很多。他们还收集到许多金属残片,大的有2~3平方米,而这些金属在地球上仍没有发现。

在这一回收过程中,他们还找到了一些动物,如马、牛、狗、鱼,甚至还有一头大象和几百个鸟蛋,这让人感到莫名其妙。由于这些残骸都是被冰雪封冻起来的,因此很难确定其失事的时间,可能是几年前,也可能是在几千年甚至上万年前。

回收飞碟和外星人尸体数量最多

的是美国，日本著名作家矢追纯一曾经拜访过一些回收过外星人尸体的科研人员，从而掌握了大量相关资料，写成了《外星人尸体之谜》一书。该书受到世界飞碟研究界的高度重视。在这本书中，他详细叙述了自己在美国调查访问的情况。他认为这些年来美国回收飞碟和外星人尸体的事件有46起之多，现在存放在美国的外星人尸体仍有数十具，被冷冻在地下室的秘密器皿中；美国对外星人的尸体进行过解剖等等。

外星人真的存在吗？那些尸体又是从何而来的？目前尚未找到答案。

太阳系地外生命探疑

地球是幸运地拥有生命的唯一天体吗？人类是孤独的吗？在广袤无垠的宇宙中，是否还有同样具有生命的天体？

自从人们知道了地球不是宇宙的中心，就开始猜测有地外文明的存在，也创造出了关于外星生命的各种传说。

随着现代天文学、生物学、无线电技术和航天技术的日益发展，更多的人开始接受这样的观点：宇宙中的天体数目如此庞大，其中不可能没有适合生命生存的另一个天体，不可能没有与我们地球人相似的、有智慧的、能创造自己文明的生物存在；甚至很有可能有些地外生物创造出的文明比我们地球上的人类文明更为先进，更为优秀。对地球外文明的研究早已不是人们所传说的神话故事，而成为一门严肃的科学。

人类对地外生命的研究由来已久，离地球较近的月球首先进入了人

↗ 通过登月探测，基本排除了月球存在生命的可能。

我的第一次探索

类的视野。早年有人猜想月球很可能是一个空心体，里面居住着外星人。其主要理论依据是因为当年阿波罗登月飞船在月球上登陆的时候，指令舱中的记录仪记录到的持续震荡波长达15分钟，这一结果使科学家感到极为惊异。有学者认为，如果月球是实心体，那么在碰击后产生的震荡波不会回荡这么长时间，至多维持5分钟。据此有人居然得出了一个大胆的结论，说月球很可能是一个空心体，而且是外星人人工制造的。也有了诸如月球的内部可能是一个奇特的生态系统，也许居住着一些比人类更文明的"月球人"，那里可能是外星生命为了监视地球而设置的一个巨大的航天站等各种奇思妙想。但是这种种设想都被无情的事实推翻了，一切不过是人类依据科学观测所作出的主观猜想，也可以认为是半真半假的神话故事。

而在19世纪30年代，曾出现过一个"月亮骗局"的故事，影响极大，轰动一时。事情的经过是这样的：1835年8月美国新创办了《纽约太阳报》，该报为吸引读者和打开销路、扩大销量，便诚邀英国作家洛克为自己撰稿。当时英国天文学家约翰·赫歇耳正前往非洲南部的开普敦去观测研究南天星空。洛克便选中了这件事，用自己的生花妙笔杜撰出了一个神奇而又引人入胜的月亮的理性生物的故事。他在故事中说，赫歇耳的望远镜在不久以前已能分辨出月球表面有约18英寸，即大小约45厘米的物体。用这样高分辨率的望远镜，他看见了月亮上有鲜花和紫松等树木，也有一个碧波千里的湖泊，还有一些类似野牛、齿鲸等动物的大型动物。他还惊讶地看到了一种长有翅膀并且外貌有些像人的动物。文章这样写道："他们的姿势看上去充满了热情而且很有力度，因此我们推论这种生物是有理性的。"结果许多人对这一重大新闻深信不疑，人们奔走相告，该报一度成为当时最畅销的报纸。

天文学家们很快把这个骗局拆穿了。科学证明，如果要把月面上45厘米大小的物体分辨出来，光学望远镜的口径至少需要570米，这么大的望

↗ 月球表面

远镜到今天人们仍没有能力造出来。同时，当时虽然还没有一位天文学家登上月球亲眼看见月球的样子，但由地面天文观测分析也能推知，月球上没有水，也没有大气，是一个死气沉沉的荒凉世界。

随着科学技术的发展，人类对地外生命的研究也变得更加科学。为了寻找地外生命，科学家们首先研究了地球人的进化过程。他们认为：地球人虽是"万物之灵"，具有很高智慧，但起源也和地球上的动植物一样，是从地球上进化出来的。换言之，地球上的碳、氢、氧、氮等元素，先是发生了长期的化学变化和物理变化，后来又经历了复杂而漫长的生物演化过程，最后才演化出了人类。科学实验也已经证明，人类生命的化学基础是蛋白质和核酸，而蛋白质又是由各种氨基酸构成的，氨基酸则是由复杂的有机分子组成的。在宇宙中，不仅碳、氢、氧、氮等元素广泛存在，而且在温度极低的星际空间也发现了几十种复杂的有机分子，在许多陨石中甚至还找到了十几种重要的氨基酸的存在。这就可以认定，只要地球外的星球环境适于生命体的存在，那么很可能会发生大量的有机体演化。

当然，如果以我们地球生命的形成、演化历史作为标准，还需要很多条件才能从氨基酸逐渐演化成生命。如合适的温度、足够厚的大气层的保护、水的存在、液态的氨或甲烷的存在、足够长时间而且较为稳定的光和热。

在宇宙中，地球只是一个再平凡不过的行星，但对于我们人类来说，它是我们生命的摇篮，是最重要也是最熟悉的天体。地球是如此适合我们人类生活，有充足的水，空气中富含氧气，温度不冷不热，这与它距离太阳的位置等条件有关系。譬如水星和金星是离太阳最近的两颗行星，水星的白天热得如火，夜晚却冷得比冰还凉；厚厚的金星大气成分以二氧化碳为主，温室效应很明显，导致环境极为恶劣，任何生物根本就生存不下去。火星在地球轨道以外，虽说距离太阳并不是很远，但比起地球来，不但气候极其寒冷，而且根本没有水，生物在这种情况下也不可能生存下去。土星和木星上没有任何生命存在，这一点十几年前宇宙飞船的空间探测就已证实了。位于太阳系边远空域的两颗大行星是天王星、海王星，

■ 我的第一次探索

科学家们通过空间探测以及各种地面观测知道，它们同样不具备适宜智慧生命生存的环境。到目前为止，所有的太阳系探测结果都表明，太阳系中的行星中只有地球是适于像人类这种智慧生命生存繁衍的星球。

不过一些科学家，尤其是化学家认为，生命可能不需要以碳和水为基础。在高温情况下，生命的化学基础有可能是硅。另一种有理性的生命不一定有物质外壳，其可能是以能的形式存在。

由此看来，太阳系中是否存在有生命的星球，至今仍无定论。不过，随着科学技术日新月异的发展，人类探索太空的足迹将会出现在更多的星球上，到那时这个问题一定会有答案。

金星上面有个城墟

现代，有些科学家相信金星上曾有一个文明的人类，他们比我们今天的地球人类还要先进几百年。

有科学家们凭手中掌握的有关金星的大量资料认为，金星最初跟地球一样，也有海洋和陆地。气温也不像今天这么高，很适合生物的生存和繁衍。可是，后来，由于大自然的变迁，太阳越来越热，金星表面的温度居然高达500摄氏度，可怕的酸雨"统治"了金星的大气。金星上的生灵便被这无情的自然法则所摧毁。

据人类目前所知，相对于火星来说，金星的自然环境要严酷得多。其表面温度高达500℃，大气中的二氧化碳占到90%以上，时常降落巨大的具有腐蚀性的酸雨，还经常刮比地球上12级台风还要猛烈的特大热风暴。金星的周围是浓厚的云层，以致20余年（1960~1981年）间从地球上发射的近20个探测器仍未能认清其真面目。

20世纪80年代，美国发射的探测器发回的照片显示金星上有大量城墟。经分析，金星上共有城墟两万座，这些城墟建筑呈"三角锥"形金字塔状。每座城市实际上只是一座巨

科学总动员

↗ 金星的构造
金星内部熔融状的铁镍核被岩幔所包围，岩幔外面是岩石壳体。

型金字塔，门窗皆无，可能在地下开设有出入口；这两万座巨型金字塔摆成一个很大的马车轮形状，其圆心处为大城市，呈辐射状的大道连着周围的小城市。

研究者认为，这些金字塔式的城市可以有效地避免白天的高温、夜晚的严寒以及狂风暴雨。

苏联科学家尼古拉·里宾契诃夫在比利时布鲁塞尔的一个科学研讨会上首次披露了在金星上发现城墟的消息。1989年1月，苏联发射了一枚探测器。该探测器带有能穿透浓密大气的雷达扫描装备，也发现了金星有两万座城墟这一重大秘密。

刚开始的时候，人们还不敢断定这就是城墟，认为可能是探测器出了问题，也可能是大气层干扰造成的海市蜃楼的幻象。但经过深入研究，人们确信这些是城市的遗迹，并推测是智能生物留下来的。不过，这些智能生物早已绝迹了。

里宾契诃夫博士在会上指出，我们渴望弄清分布在金星表面的城市是谁造的，这些城市是一个伟大的文化遗迹。这位苏联科学家详细地介绍说："在那些以马车轮的形状建成的城市的中间轮轴部分就是大都会。根据我们推测，那里有一个庞大的呈辐射状的公路网将其周围的一切城市连接起来。"他说："那些城市大多都倒下或即将倒塌，这说明历史已经很悠久了。现在金星上不存在任何生物，这说明那里的生物已绝迹很久了。"

由于金星表面的环境极差，因此不具备派宇航员到那里实地调查的条件。但里宾契诃夫博士强调说，苏联将努力用无人探险飞船去看清楚那些城市的面貌，无论代价多大，都在所不惜。

而在1988年，苏联宇宙物理学家阿列克塞·普斯卡夫则宣布：金星上也存在"人面石"，这一点与火星一

■ 我的第一次探索

▷ **金星大气层示意图**
金星不是靠太阳最近的行星，却是最热的行星。因为它厚厚的大气层有效地留住了太阳的热量。

样。联系到金星上发现的作为警告标志的垂泪的巨型人面建筑——"人面石"，科学家推测，金星与火星是一对难兄难弟，都经历过文明毁灭的悲惨命运。科学家还说，800万年的金星经历过地球现今的演化阶段，应该有智能生物的存在。后来，金星中的大气成分中二氧化碳越来越多，以至于温室效应越来越强烈，进而使得水蒸气散失，也最终使得金星的环境不再适合生物的生存。

迄今为止，人们在月球、金星、火星上都找到了文明活动的遗迹和疑踪，甚至在距离太阳最近的水星的表面也有一些断壁残垣被发现。地球、月球、火星、金星上都存在金字塔式的建筑。人们将这些联系起来后认为，地球并不是太阳系文明的起点，而是其终点。

倒塌的金星城市中，究竟隐藏着什么秘密呢？那个垂泪的人面塑像到底是否经历了金星文明的毁灭呢？由于这实在太令人捉摸不透了，所以只有等待人类未来的实地探测，但愿这一天能尽早到来。

科学总动员

木星会成为另外一个太阳吗？

近些年来，人们通过对木星的研究，证实木星正在向周围的宇宙空间释放巨大的能量，它释放的能量是它从太阳那里所获得能量的两倍，说明木星的能量有一半来自它的内部。木星与太阳有着很多相同点，大有取而代之之势，那么，木星会成为第二个太阳吗？

在太阳系行星的家族中，木星的个头可算是老大哥了，它的体积和质量分别是地球的1 320倍和318倍。此外它还有个与众不同的特点，就是它有自己的能源，是一颗能自己发光的行星。在人们的一向认识中，行星不具备发光能力，是靠反射太阳的光线而发光。

科学家认为，木星的核心温度已高达30 000℃，正在进行热核反应。木星除把自己的引力能转换成热能外，还不断吸积太阳放出的能量，这就使它的能量越来越大，且越来越热，并保证了它现在的亮度。观察表明，由木星向周围空间施放的热能，已熔化了它的卫星——木卫1上的冰层，其他三颗卫星——木卫2、木卫3和木卫4仍覆盖着冰层。就木星的发展趋势来看，它很可能成为太阳系中与太阳分庭抗礼的第二颗恒星。据研究，30亿年以后，太阳就到了它的晚年，木星很可能取而代之。

也有人认为，木星距取得恒星资格的距离还很远，虽然它是行星中最大的，但跟太阳比起来又实在是"小巫见大巫"了，其质量也只有太阳的千分之一。恒星一般都是熊熊燃烧的气体球，木星却是由液体状态的氢组成。尽管木星也能发光，但与恒星相比，又算不得什么了。所以有人说，木星不是严格意义上的行星，更不是严格意义上的恒星，而是处在行星和恒星之间的特殊天体。

↗ 木星上的红斑

■ 我的第一次探索

恐龙灭绝之谜

> 在21世纪的今天，人类可以自豪地说，自己是地球的主宰。可是，在遥远的远古时代，在地球上称王称霸的，却是当之无愧的巨无霸——恐龙。

通过大量影视媒介的宣传，人们现在对恐龙都已经不陌生了，但是这种庞然大物为什么忽然在地球上销声匿迹了呢？这个问题一直在困扰着科学家们。

恐龙的发现也是近代科技发展的产物。1824年夏天，英国牛津郡的某个采矿厂的工人们发现了一个巨大的尖牙，这颗牙有3厘米的直径、9厘米长！这个东西引起了牛津大学教授巴克兰的注意。他首先断定这是一只动物牙齿的化石，然后他将它和已知的各种动物的牙齿作了比较。在大小上，它介于象牙和虎牙之间，但它比象牙尖锐，又不具备虎牙那种咬断、切开肉类的特点；在形态上，它很像爬行动物的牙，但又似乎比爬行动物的牙齿大得多。巴克兰把它与当时生存于南太平洋岛屿上的巨大蜥蜴作了比较，推断出这个牙的"主人"至少有9米长！他把这种动物称为"巨龙"，意为巨大的爬行动物。这是人类关于恐龙的最早的信息。

巧合的是，1822年，英国一个名叫曼德尔的化石爱好者，偶然在路边石缝中发现了一块化石，曼德尔认为它很奇特，便包好交给法国著名古生物学家居维叶。但居维叶对之没有给予足够的重视，认为它不过是某一种哺乳动物的化石。曼德尔平时对哺乳动物的牙齿颇有研究，居维叶的鉴定并没有使他感到满意。于是他决定独自弄清楚这一化石的来历。功夫不负有心人，三年后，他终于鉴定出这一化石属于一种早已灭绝的古代爬行动物，他将之命名为"禽龙"。

巴克兰和曼德尔的成果一经发表，世界上立即兴起了寻找古代动物化石的热潮。于是，在欧洲、亚洲和北美等地，人们又陆续发现了许多奇异的爬行动物化石。它们大多相当庞大，面对这许多巨大的怪兽，英国另

科学总动员

一位古生物学家欧文认为其模样也一定是相当可怕的,因而称之为"令人恐怖的蜥蜴",其拉丁文学名为Dinosaur,现代西方文字中基本都用这个词,汉语译为"恐龙"。

现在人们所知的最早的恐龙大约出现于2.3亿年前的三叠纪地层中,最晚的恐龙生活在此期间6 500万年前的白垩纪末期。科学家们认定,这种庞然大物在地球上生存了有1.6亿年之久。现在,关于这种至今人类所知的最大的陆生动物,最使科学家们感到不解甚至震惊的是,在白垩纪末期,即距今6 500万年,所有的恐龙,以及与之亲缘较近的翼龙、鱼龙、蛇颈龙等在较短的时间里突然灭绝,在新生代的地层中至今没有找到

恐龙在丛林和湖海边繁衍生息

恐龙的尸体落在河床里,逐渐腐烂

骨骼随淤泥一起沉积在河床中

恐龙的遗骨被淤泥所掩埋,避免了陆地食腐动物的侵食

恐龙骨骼转变为化石。因为越来越多物质的沉积,化石可能会因挤压而扭曲

地面下的细菌和食腐动物可能会继续破坏骨骼

地下水中的矿物质改变了化石的成分

➤ **恐龙化石的形成过程**

恐龙化石的形成是一个十分漫长的过程,往往伴随着地壳运动的演变,研究恐龙化石和地质运动可以了解恐龙生活的时代背景。

我的第一次探索

任何上述动物的化石。其灭绝之快是如此让人不可思议，人们不禁要问：为什么在地球上繁荣了1.6亿年之久的恐龙突然间走向了末日？到底是什么原因使之灭绝的呢？这就是所谓的"恐龙灭绝之谜"。从恐龙一径被发现起，古生物学家、地质学家、物理学家以及各方面的学者就一直试图解开这个谜。

最初，一些科学家依据达尔文的进化论，认为导致恐龙最终灭绝的原因是恐龙自身种族的老化，以及在与新兴的哺乳动物的进化竞争中的失败。在几千万年前，正当恐龙称霸于地球时，出现了一种新兴的高等动物——哺乳动物。哺乳动物的体型当然无法与庞大的恐龙相比，可它们却依靠能够隔热和保温的毛皮和脂肪层、高度发达的大脑和非常高的幼仔成活率，成功地在地球环境变化中生存下来。而体型庞大的恐龙在这场残酷的生存竞争中失败了，它们只能退出生存的历史舞台。

还有一些生物学家认为恐龙是由于慢性食物中毒才灭绝的。原来，为了保护自身的生存和繁衍，曾吃下中生代遍布全球的苏铁、辛齿等裸子植物，在自己体内产生了一些有毒的生

↗ 图为暮色中正在进食的盐龙，盐龙庞大的身躯使得它们不得不每天花上十几个小时来进餐。盐龙通常高达15米以上，因而无论哪种植物都无法逃避盐龙的嘴。

物碱，如尼古丁、吗啡、番木鳖等。当一些食草恐龙吞入这些植物时，也就相当于吞下了"毒药"。由于食物链的关系，食肉恐龙也间接中毒。就这样，恐龙体内的毒素越积越多。在毒素的侵袭下，恐龙神经变得麻木，直到最后整个种群都消失殆尽。

除此之外，还有氧气过量说、便秘说等，但这些观点都是纯粹从生物角度提出来的，现代科学家们认为，它们都有一个不足之处：生物学意义上的物种灭绝是需要一段极为漫长的时间的，而根据人们目前已经掌握的资料判断，恐龙是在距今大约6500万年"很短"的一段时期内突然灭绝的。因此，这些生物学假设现在备受冷落。

现在，越来越多的科学家支持是宇宙天体物理变化导致了恐龙灭绝这

种观点。1979年,美国加州大学伯克利分校著名物理学家、诺贝尔奖获得者路易斯·阿尔瓦雷兹提出了著名的"小行星撞击说",为人类探讨恐龙灭绝之谜开辟了一条新的道路。

1983年,美国物理学家理查德·马勒、天文学家马克·戴维斯、古生物学家戴维·罗普和约翰·塞考斯基,以及轨道动力学专家皮埃·哈特等人,根据各自的研究,共同提出了"生物周期性大灭绝假说",也叫"尼米西斯假说"。他们认为,地球上类似恐龙消失这种"生物大灭绝"是周期性发生的,大约每隔2 600万年会在地球上上演一次。这是因为,银河系中的大多数恒星都属于双星系统,太阳当然也是如此,它有一颗人类从未见过的神秘伴星——"尼米西斯星"。"尼米西斯星"大约每隔2 600万~3 000万年,就会从太阳系的外围经过。受其影响,冥王星周围飘荡着的近10亿颗彗星和小行星就会脱离原来的轨道,组成流星雨进入太阳系,其中难免有一两颗不幸撞击或者落在地球上,使一些生物遭到了灭顶之灾。

↗ **巨喙翼龙**
和所有的翼龙类一样,它的翅膀由延长的第4趾支撑起。趾上的3指相当大且有爪,可以用来攀岩爬壁。翅膀由肌肉、弹性纤维和皮肤构成,最早出现在三叠纪,在侏罗纪末期灭绝。

我的第一次探索

还有一些科学家认为，是太阳系在银河系中的"死亡穿行"引起了恐龙的灭绝。太阳系围绕着银河系的中心旋转，旋转一周得需要2.5亿年时间。由于受从中心释放出的强烈的放射性物质的影响，在银河系的一部分地区便形成了一块"死亡地带"。在距今6 500万年至7 000万年前，太阳系刚好穿行于这个"死亡地带"中，所有的地球生物因此都受到放射性射线的袭击，恐龙也惨遭灭顶之灾。

另外，一些科学家提出，人们根本无法看见的宇宙射线才是引起6 500万年前这场灾难的罪魁祸首。苏联科学家西科罗夫斯基认为是太阳系附近一颗超新星的爆发导致了恐龙的灭绝。据科学家们计算，刚好距今7 000万年前，就在距太阳系仅32光年的地方，发生了一次非常罕见的超新星爆发。爆发释放出巨大的能量以及许多宇宙射线射向了整个宇宙，包括地球在内的整个太阳系都未能幸免于难。地球的臭氧层和电磁层完全被强烈的辐射摧毁了，地球上所有的生物都陷入了这场"飞来横祸"之中。在宇宙射线的侵蚀下，就连庞大的恐龙都几乎完全丧失了自我防御的能力，只能任凭自己的躯体慢慢坏死，最后，在折磨中痛苦地死去。幸存者只是那些躲在洞穴或地下的小型爬行动物和哺乳动物。

但有人也提出，这场灾难是由地球本身的改变造成的，并非完全来自天外。科学家们发现，地球每约20万年就会发生一次地磁磁极反转的现象。在这个可能长达1万年的过程中，地球上的恐龙因不适应这种情况的变化而逐渐消亡。然而为何至今还有许多大型的动物存在着，这个现象至今不能得到合理的解释。看来，这些观点都无法圆满地解答恐龙灭绝之谜，仍需继续探索。